식생활관리

박춘란 김윤선 공저

도서
출판

머리말

사람은 누구나 건강하게 오래살기를 원한다.

인간의 건강은 내적요인과 함께 외적요인 중에서도 영양학적 환경이 생명 유지나 질병 발생에 직접적으로 영향을 미친다.

오늘날 현대인의 건강은 영양상태가 개선됨에 따라 전염성질환에 대한 저항력이 증가하여 수명이 증가됨과 동시에 한편으론 그릇된 식습관으로 당뇨병, 비만, 고혈압 등 성인병이 급증하고 있다.

특히 세계화, 서구화, 간편화에 따른 우리의 식생활은 많은 변화가 일어나고 있다. 그러므로 이에 따른 여러 생리적인 문제점을 해결하는데 보다 체계적인 관리가 필요하다.

따라서 이 책은 식생활관리에 관한 올바른 지식을 습득할 수 있도록 구성하였다. 특히, 식단작성과 함께 식품구매와 식품유통경로, 주방관리 등을 자세히 서술하였으며, 현재의 우리나라의 식생활의 문제점을 파악하고 미래지향적인 식생활관리와 노년에 건강하게 사는 건강법을 소개하였다.

여러모로 부족한 점이 많으나 이 교재를 통해 많은 사람들이 보다 합리적인 식생활을 할 수 있는 계기가 되었으면 한다.

끝으로 이 책이 나오도록 적극적인 관심과 정성으로 편집해주신 대가 출판사 사장님과 직원분들께 감사드린다.

2006년 1월 저자 씀

차례

3 식단 작성의 기본

4 식단 작성의 실제

5 식사 평가

9 주요 식품 유통 경로

10 우리나라 식생활의 문제점

11 미래 지향적인 식생활관리

12 노화와 건강관리

식생활 관리의 개요

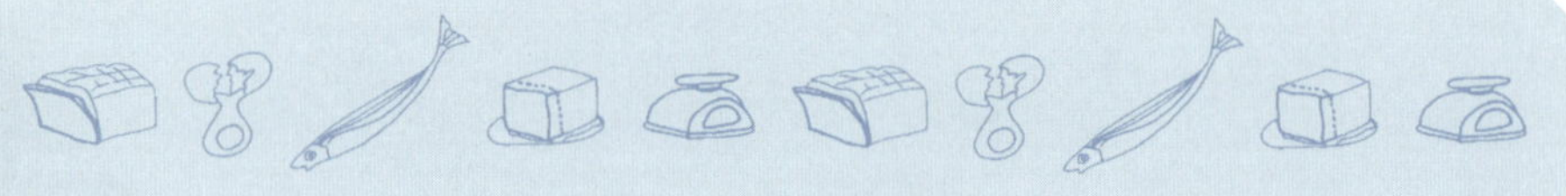

식생활, 즉 먹는다는 것은 인간의 생존에 필수적인 요소이다. 인류의 역사를 볼 때 인간이 식량부족에 의한 두려움으로부터 벗어난 시기는 그리 오래되지 않았다. 20세기에 들어와서 품종개량, 기계에 의한 농작물 생산기술 향상 등으로 수확량이 증대되고 아울러 가축의 대량 생산으로 육류 섭취도 급격히 증가하게 되었다.

이러한 급격한 식생활의 변천은 영양섭취의 불균형을 가져와 만성질환의 유병율이 높아지는 한 원인이 되기도 한다. 그러나 영양섭취의 불균형으로 오는 질환들, 예를 들면 비만, 고혈압과 고지혈증 등은 생활양식과 식습관에 주의를 기울이면 예방 가능한 질병이기도 하다. 그러므로 가족의 식사를 책임지는 식생활관리자는 풍요로운 식재료들을 어떻게 선택하고 어떤 것이 건강에 좋은지에 대한 계획을 세우고 그에 따른 식품을 구매하고 식사준비를 하는 합리적이면서도 목적의식이 뚜렷한 관리자가 되어야 한다.

[그림 1-1] 식생활 관리자의 역할

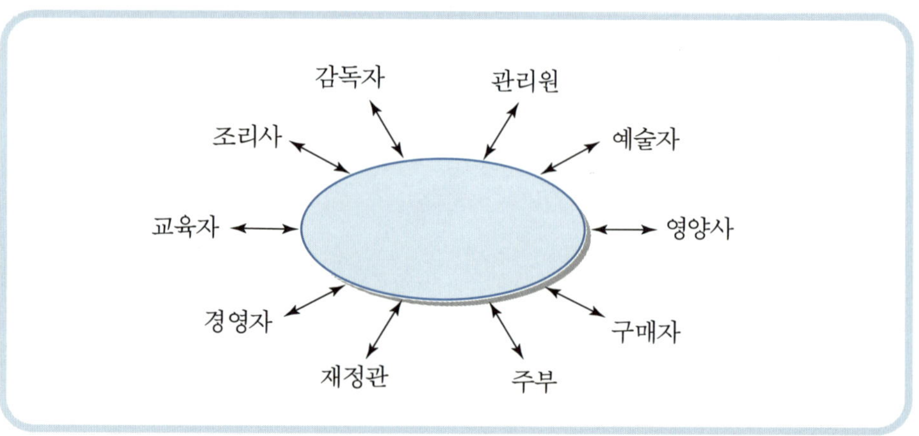

따라서 바람직한 식생활 관리자는 훌륭한 영양사인 동시에 식품구매자이고 식생활비를 조정하는 재정관이며 이를 실천하는 경영자인 동시에 조리사이고 때로는 영양교육자이어야 한다. 나아가 즐겁고 편안하게 식사를 할 수 있도록 식공간 연출을 하는 예술가가 되어야 한다.(그림 1-1)

표 1-1에 식생활에 영향을 주는 인자를 제시하였다.

〈표 1-1〉 식생활에 영향을 주는 인자

지리적 인자	기후, 풍토	한냉, 온난
지리적 인자	기후, 풍토	한냉. 온난
	地勢	평지, 산, 해안, 섬
	교통	도로, 전철, 버스, 자가용차
사회적 인자	인구	인구구성, 가족구성, 가족
	지역	대도시, 중소도시, 산촌
	산업	지역의 산업구조
	기타	주택사정
경제적 인자	수입	년수입, 연금, 생활 보호
	지출	식품비, 주식에 대한 부식비의 구성, 집단급식비등
	유통	식품유통, 공급, 출회 식품, 식품첨가물
문화적 인자	식습관	종교, 행사식, 음주
	섭식행동	기호, 食見, 조리형태, 편식, 섭식횟수, 간식
	생활활동	직업, 생활환경, 생활시간, 통근, 주말에 휴식여부, 운동, 레크레이션
	기타	학력, 교양, 취미, 영양 지식
신체적 인자	신체의 일반상황	성, 연령, 체위. 체력, 소화흡수능력, 질병의 유무
심리적 인자	의식, 가치관	건강관, 식생활 의식, 가치관, 관심, 성격, 행동, 질병에 수반하는 심리, 행동

1. 정의

식생활 관리(meal management)란 식생활을 영위하는데 필요한 여러 계획과 실행에 관계하는 경영관리이다. 즉, 영양 필요량, 식습관, 식비의 예산과 식단계획, 식품의 선정과 구입방법, 조리법, 상차림에 관한 사항 등을 결정하고 실천하는 모든 관리를 말한다.

2. 식생활에서 기대되는 요구(要求)

식사를 한다는 것은 인간의 기본적 욕구이다. 그러나 생활환경과 의식의 변화에 따라 식사와 식생활에 대한 요구도 다양화되고 있다.

1) 생리적 요구, 영양적 요구

인간의 생명을 유지하기 위해서 필요한 기본적 요구로 인간의 발육과 건강에 필요한 영양소를 잘 알아 각 개인에게 꼭 필요한 영양량을 정하고 이에 따라 식품선택을 하여 음식을 준비하여야 한다.

2) 심리적 요구

인간이 먹는다는 것은 생리적 요구 뿐만 아니라 맛있게 먹으려는 요구와 좋은 환경에서 식사하려는 요구 등 심리적인 요구에 의한다. 특히 어머니의 식사에 대한 태도와 의식은 아동의 신체발육과 정신발달에 영향을 준다.

인간은 공식동물(共食動物)이므로 가족 전원이 즐겁게 식사 할 수 있는 분위기를 만드는 것이 중요하다.

3) 문화적 요구

식생활은 각 국가의 독자적인 전통 식문화를 가지고 있으며, 또 가정에서도 독자적인 음식문화를 가지고 있고 또 전승되어지고 있는 것이다.

4) 사회적 요구

인간은 사회적 동물이므로 식사시 서로 얼굴을 맞댄 상태에서 의사를 전달하고 정을 쌓아 가게 된다.

이 요구는 다른 동물에서는 볼 수 없는 인간 요구의 본질이기도 하다. 최근에는 가정이외에서 식사하는 기회가 많아지면서 교우, 접객, 상담, 회의 등의 연장으로 식사가 행해지는 경우도 많아지고 있다.

5) 시간적 요구

조리시간, 식사 시간은 조리된 식품, 가공식품의 이용도와 조리기기, 열원 등에 의해 좌우된다.

최근 주부들의 취업과 자아실현 요구 등이 늘어나면서 조리 시간에 대한 요구는 축소되었으면 하는 경향이 있다. 사회 변화에 따라 어느 정도는 주부들의 요구가 충족되어야 할 필요가 있다.

3. 식생활 관리의 기본

1) 의사 결정

식생활 관리에 있어서 의사결정이란 식생활 제반에 관한 방향을 결정하기 위해 원하는 것이 무엇 무엇이며 무엇을 얻어야 할 지를 조정하는 것이다.

의사결정은 식생활관리자의 목표에 따라 달라질 수 있는데 합리적인 결정이 어떤 것인지를 깊이 생각하여 알고 있는 지식과 경험을 충분히 활용하여 결정하여야 한다.

식생활관리자는 아래와 같은 중요한 결정을 하여야하는데

- 얼마나 많은 비용을 쓸것인가
- 어떤음식을 대접 할 것인가
- 어디서 장을 보고 얼마나 살것인가
- 어떻게 요리를 할것인가
- 어떻게 식사를 대접할것인가 등이다.

2) 자원

자원이란 식생활을 영위하는데 필요한 모든 것을 포함한다.

(1) 인적자원

인적자원은 식사를 준비하는 과정에서 모든 사람의 지식과 능력(식품에 대한 지식, 조리기술, 솜씨, 노동력), 시간, 에너지 등이 있다.

즉, 식품의 영양과 조리에 관한 지식과 기술, 식품에 대한 구매능력, 처리, 보관능력, 위생지식들이 이에 해당된다. 또한 식사준비에 투입되는 시간과 모든 에너지(노동력)도 인적자원에서 중요한 요소이다.

(2) 물적자원

식품의 주, 부재료, 조리기구와 주방설비, 연료, 가스, 불 등이 여기에 속하며 이것들은 화폐로 구매 가능하므로 화폐 자원도 중요한 요소가 된다.

화폐자원은 이들 물적 자원을 구입케 하며 조리사나 가정 도우미의 인건비, 외식비, 간식비 등으로도 돈이 필요하며 식당을 꾸미거나 그릇과 수저를 사는데도 사용하며 각 가정의 가치와 목표에 따라 물적자원의 소비형태도 달라질 수 있다.

(3) 정보

식생활 관리에 있어서 오늘날에는 정보도 하나의 자원이다. 수많은 정보 가운데서 과학적이고 확실하며 합리적인 정보를 잘 활용하여 바람직한 식생활 관리를 하는데 유용하게 응용하는 것도 중요하다고 하겠다.

02 식생활 관리의 목표

식생활 관리의 목표는 최소한 4가지로 나누어 생각해 볼 수 있다.

1. 영양면

적정한 영양공급은 일생동안의 건강에 영향을 주므로 영양상 균형을 이루는 식사계획과 실천은 매우 중요한 일이다. 우리의 건강과 체력은 매일 매일의 한 끼 식사내용에 달려 있으므로 식생활관리자는 식사계획을 할 때 모든 영양소가 골고루 함유되도록 배려하여 바람직한 식사가 이루어지도록 하여야 한다.

계획을 세우기에 앞서 먼저 현재 자신의 영양상태와 식생활을 진단평가 해보고 개선해 나가는 노력이 필요하다.

1) 영양상태 평가

우선 현재의 영양상태를 진단하여 영양문제를 찾아내고 영양개선 계획을 세워야 한다. "개개인의 영양상태를 진단하는 직접평가에는 a b c d 접근법" 이라고 부르는 신체계측(anthropometry), 생화학적 검사(biochemical test), 임상조사(clinical observation) 및 식사조사(dietary survey)가 있다.

2) 식사 평가

한 가지 식품으로는 우리 몸에 필요한 영양소를 골고루 섭취할 수가 없으므로 다양한 식품을 적절하게 섭취하여야 한다.

(1) 식품군 섭취 패턴

한국은 아직 그 기준이 없고 미국의 것을 이용하여 그 섭취 패턴을 평가하는데 다섯가지 기초 식품군 중 유지 및 당류는 제외하고 육류군, 과일군, 우유 및 유제품군, 곡류군, 채소군으로 나누고 섭취 기준량을 고체 형태인 육류, 과일, 곡류, 채소는 30g 고형 유제품(치즈)는 15g, 액체 상태의 유제품군, 과일, 채소는 60g을 기준으로 하여 각 군에서 기준량 이상을 섭취하면 1, 섭취하지 못하면 0으로 표시하는 방법이다.

〈표 2-1〉 식품군 섭취 패턴 평가표

식품군		기준량(눈대중 양)	예(섭취한 량)	섭취 패턴
곡류 및 감자류		30g(쌀 30g, 밥 1/3공기)	160g	1
육류		30g(작은 로스용 1장)		0
과일류	고체 액체(주스류)	30g(귤 1/3개) 60g(1/3주스컵)	100g 100g	1 1
채소류	고체 액체(주스류)	30g(작은 오이 1/4개) 60g(1/3주스컵)	135g 135g	1 1
우유 및 유제품	고체(치즈 등) 액체	15g(치즈 2/3장) 60g(1/3주스컵)	0g 0g	0 0

즉, 식품 섭취 패턴 GMFVD(Grain, Meat, Fruit, Vegetable, Dietary product)로 표시하며 만약 식품 섭취 패턴, GMFVD=10110이면 곡류와 과일, 채소는 기준량이상 g 섭취하였으나 고기와 유제품은 섭취하지 못했다고 평가한다.(표 2-1)

(2) 섭취 식품의 가짓수

식사에서 섭취한 식품의 가짓수가 얼마인가를 평가하는 방법으로 대한 영양사회에서 일본영양사회의 것을 보정하여 평가표를 제시하였는데 (표 2-2)와 같다.

〈표 2-2〉 식품 섭취 다양성 평가표

오늘의 식단은 몇 점이나 될까?(　　　　요일)

식단	영양소	식품류	식품	배점		득점		
				균형식	식품	아침	점심	저녁
아침	단백질	고기류 생선류	닭고기, 돼지고기, 쇠고기, 토끼고기, 오리고기, 염소고기, 소시지, 햄, 생선, 민물고기, 굴, 조개, 어묵	10	5			
		알류	달걀, 오리알, 메추리알		5			
		콩류	콩, 두부, 비지, 두류, 된장, 청국장		4			
	칼슘	우유류	우유, 양유, 분유, 치즈, 요구르트	10	5			
		뼈째 먹는 생선	멸치, 뱅어포, 잔새우, 미꾸라지, 양미리, 사골		4			
점심	비타민 · 무기질	녹황색 채소류 해조류	시금치, 당근. 깻잎, 고추, 갓, 미나리, 상추, 쑥갓, 무청, 아욱, 근대, 열무, 미역, 김. 다시마, 파래	10	5			
		담항색 채소류 버섯류	무, 배추, 양배추, 오이, 호박, 파, 양파, 우엉, 콩나물, 가지. 고구마 줄기, 도라지, 버섯		2			
		과일류	사과, 감, 배, 복숭아, 귤, 포도, 살구, 자두, 참외, 노마도, 수박, 딸기, 대추		4			
저녁	당질	쌀	쌀, 찹쌀	10	3			
		잡곡류	보리쌀, 밀가루, 옥수수, 조, 수수, 국수, 빵, 떡, 엿, 라면		3			
		감자류	감자, 고구마, 당면, 토란, 도토리		3			
	지방	기름류	참기름, 들기름, 채종유, 쇼트닝, 마요네즈, 마가린, 버터	10	4			
		종실류	참깨, 들깨, 호두, 잣, 땅콩		3			
	합계			100				

〈표 2-2〉 (계속)

진단방법	평가기준
• 식단란에는 아침, 점심, 저녁별로 음식명과 사용한 식품명을 쓴다. • 득점란에는 식품류별로 사용한 식품이 있을 때 O표를 한다. • 배점란의 균형식 점수는 영양소별로 O표가 있을 때 해당점수를 득점한다. • 합계란에는 균형식 점수와 식품점수를 합하여, 이를 평가기준과 비교한다.	• 75점 이상은 훌륭합니다. • 74~50점은 개선할 필요 가 있습니다. • 49점 이하는 많이 개선 해야 합니다.

(3) 식행동 평가

식사 섭취상태를 정확하게 파악하기 위해서는 식품섭취와 함께 식행동에 대한 평가를 하여야 한다.

식습관 진단표의 예를 제시한다. (표 2-3)(표2-4)

〈표 2-3〉 대한영양사회 '프로영양진단98' 의 식습관 진단표

1.	하루에 식사를 몇 회나 하십니까? ① 3회 ③ 1회	 ② 2회 ④ 불규칙하다
2.	아침식사를 제대로 하십니까? ① 꼬박꼬박 먹는다 ③ 먹지 않는다	 ② 가끔 불규칙하다
3.	늘 일정한 시간에 식사를 하십니까? ① 일정한 시간에 먹는다 ③ 먹지 않는다	 ② 가끔 불규칙하다
4.	식사 속도는 어떻습니까? ① 느린 편이다 ③ 빠른 편이다	 ② 보통
5.	과식하는 경우가 있습니까? ① 거의 없다(주 0~1회) ③ 자주 있다(주 1회 이상)	 ② 가끔 있다(주 2~3회)

〈표 2-3〉 (계속)

6. 곡류음식(밥, 빵, 국수, 감자, 고구마 등)을 하루에 몇 회 드십니까?
   ① 3회　　② 2회
   ③ 1회 이하

7. 생선, 고기, 계란, 콩, 두부 등으로 만든 반찬을 하루에 몇 회 드십니까?
   ① 3회　　② 2회
   ③ 1회 이하

8. 채소류, 해조류, 버섯 등으로 만든 반찬을 하루에 몇 회 드십니까?
   ① 3회　　② 2회
   ③ 1회 이하

9. 튀김, 전, 볶음 같은 음식이나 기름, 마요네즈를 사용한 음식을 하루에 몇 번 드십니까?
   ① 1회 이상　　② 거의 먹지 않는다

10. 우유나 유제품(치즈, 요플레)을 얼마나 드십니까?
    ① 거의 매일(1주일에 6~7일)　　② 가끔(1주일에 3~5일)
    ③ 거의 안 먹는다(1주일에 0~2일)

11. 과일을 얼마나 드십니까?
    ① 거의 매일(1주일에 6~7일)　　② 가끔(1주일에 3~5일)
    ③ 거의 안 먹는다(1주일에 0~2일)

12. 단 음식(과자, 초콜릿, 꿀, 아이스크림, 청량음료, 설탕이 많이 들어 있는 음식)을 많이 드십니까?
    ① 아니오　　② 예

13. 짠 음식, 밑반찬, 젓갈류, 장아찌, 자반 등을 많이 드십니까?
    ① 아니오　　② 예

14. 기름이 많은 고기(삼겹살, 갈비), 가공식품(햄, 소시지), 생크림케이크, 버터 등을 많이 드십니까?
    ① 아니오　　② 예

15. 계란 노른자, 어육류의 내장(간, 곱창), 오징어 등을 자주 드십니까?
    ① 아니오　　② 예

16. 술을 자주 드십니까?
    ① 아니오(1주일에 1회 이하)　　② 보통(1주일에 2~3회)
    ③ 예(1주일에 1회 이상)

17. 1주일에 운동을 얼마나 하십니까?
    ① 1주일에 3회 이상　　② 1주일에 2회 이하

18. 담배를 피웁니까?
    ① 아니오　　② 예

〈표 2-4〉 식습관 진단표

대상자 Code No.		해당 항목 하나에 표 해 주십시오.		
조사항목		1점	2점	3점
1. 식사는 늘 배가 부르도록 먹습니까?		만복이 될 때까지 먹는 일이 많다.	많이 먹을 때도 적게 먹을 때도 있다.	항상 8부 정도를 먹는다.
2. 식사 시에는 식품의 배합을 생각하여 먹습니까?		별로 관심이 없이 먹는다.	때로 배합을 생각하여 먹는다.	항상 균형을 생각하며 먹는다.
3. 1일 3끼의 식사 중 거르는 일이 있습니까?		거의 매일 한 끼는 거른다.	주 2~3회는 거르는 편이다.	거의 거르지 않는다.
4. 채소는 좋아하며 자주 먹습니까?		싫어하며 거의 먹지 않는다.	매끼는 아니나 하루 1번은 먹는다.	거의 매끼 먹는다.
5. 육류요리(쇠고기, 돼지고기, 닭고기)는 자주 먹습니까?		좋아하며 거의 매일 먹는다.	자주 먹지 않는다.	주 2~3회 먹는다.
6. 과일은 자주 먹습니까?		거의 안 먹는다.	주 2~3회 먹는다.	거의 매일 먹는다.
7. 생선, 두부 및 콩제품을 자주 먹습니까?		안 먹는 편이다.	하루 1끼는 먹는다.	거의 매끼 먹는다.
8. 우유나 요구르트를 매일 먹습니까?		거의 안 마신다.	주 2~3회 마신다.	매일 마신다.
9. 해조류(미역, 김 등)를 자주 먹습니까?		거의 안 먹는다.	주 2~3회 먹는다.	거의 매일 먹는다.
10. 음식의 간은 어느 정도로 합니까?		짜게 먹는 편이다.	보통으로 먹는다.	싱겁게 먹는다.

평가: 25~30 - 좋음, 19~24 - 보통, 19 이하 - 나쁨
출처: 고지혈증 치료지침 제정위원회(1996)

(4) 한국인을 위한 식사 지침

한국 영양학회에서 제안한 한국인을 위한 식사지침을 살펴보면 아래와 같다.

① 다양한 식품을 골고루 먹자

인체가 생명을 유지하고 건강한 생활을 하기 위해서는 다양한 식품을 통해 필요로 하는 영양소를 섭취하여야 한다.

인체가 생명을 유지하고 건강하게 생활을 영위하는데 필요한 영양소는 약 40여 종류에 달한다.

그러므로 다양하게 식품을 선택함으로써 영양소의 상호 보완 효과를 얻어 부족되는 영양소가 없도록 하는 것이 바람직하다.

② 정상 체중을 유지하자

경제 수준의 향상으로 점차 식생활이 한국인도 체중이 서구화되면서 증가하여 성인병 발병율과 사망률이 증가하고 있다.

체중은 섭취 열량과 밀접한 관계가 있으므로 운동량을 늘리고 섭취 열량을 조절하여 정상 체중을 유지하도록 노력하여야 한다.

특히 단음식이나 탄산음료,튀김과 같은 고열량 음식을 적게 섭취하도록 하고 활동량을 늘려 열량을 많이 소비하도록 한다.

③ 단백질을 충분히 섭취하자.

단백질은 체소식의 형성과 재생에 필요한 성분으로 특히 성장기 어린이에게는 매우 중요한 영양소이다.

좋은 질의 단백질은 필수 아미노산이 골고루 함유되어 있는 단백질로 동물성 식품이 좋으며 콩도 질이 좋은 식물성 단백질 식품이다.

그러므로 일상의 식사에서 육류, 어류 및 계란, 우유, 콩 등을 통하여 좋은 단백질의 섭취량을 늘리고 동시에 여러 식품에서 단백질 필요량을 골고루 섭취하도록 하는 것이 중요하다.

④ 지방은 총열량의 20% 정도를 섭취하자.

과잉의 지방 섭취는 서구 여러 나라에서 건강상의 문제를 초래하는 것으로 알려지고 있다. 한국인의 지방 섭취량은 아직 서구에 비하면 낮은 편이나 점차 식사의 서구화로 그 섭취량이 높아지고 있으므로 총 열량 섭취의 20% 정도를 권장하고 있다.

식물성과 동물성 유지 섭취의 균형이 필요하고, 특히 중년 이후에는 식물성 기름 섭취를 권장하고 있다.

⑤ 우유를 매일 마시자.

우유는 칼슘과 비타민 B_2의 함량이 높아 성장기의 어린이에 필요한 영양소이며, 성인들에게는 골다공증을 예방하는 효과가 있는 식품이다.

⑥ 짜게 먹지 말자.

소금은 나트륨과 염소의 화합물인데 나트륨이 약 40%를 차지하고 있다.

이 나트륨은 체내에서 세포 내외의 수분 평형과 근육 수축, 신경 전달 등 매우 중요한 역할을 한다.

그러나 나트륨 섭취가 높은 사람들 중에 고혈압 발생 빈도가 높아 과잉의 소금 섭취는 건강상의 문제가 생기게 되고 고혈압은 다른 여러 가지 합병증을 유발 시킬 수도 있다.

한국인의 소금 섭취는 1일 평균 20g 이나 되며, 이것은 서구 여러 나라 보다 2배 가량 높은 편이다.

그러므로 된장, 고추장, 간장 등의 사용량을 줄이고 싱겁게 먹도록 노력하여야 할 것이다.

⑦ 치아 건강을 유지하자.

설탕을 많이 함유한 식품을 먹을 때 일어나는 문제 중의 하나는 충치의 유발이다. 구강 내 박테리아는 탄수화물, 그 중에서도 설탕을 가장 좋아하며 이를 먹이로 산을 생성한다.

충치는 이 산에 의해 부식이 된다. 우리나라 사람의 약 90%가 충치를 가지고 있다고 한다. 그러므로 설탕의 섭취를 줄이고 특히 치아에 오래 머무는 끈적끈적한 초코릿이나 캐러멜 등은 매우 좋지 않으며 먹은 후에는 빨리 양치질을 하는 것이 좋다.

또한 신선한 과일이나 채소는 구강 내에서 청정 작용을 하므로 이들의 섭취를 권장하는 것이 좋다.

⑧ 술, 담배, 카페인 음료 등을 절제하자.

에탄올은 체내에서 연소되어 1g당 7.1kcal의 열량을 발생하나 이것은 거의 대부분 열로 발산 된다. 또한 그 외 다른 영양소는 거의 없고 식욕을 감퇴시키고 과음하게 되면 뇌의 중추 신경계를 한시적으로 교란시켜 나중에는 의식을 잃게 되는 경우도 있다.

그 외 위와 소장에도 나쁜 영향을 주어 위점막 손상과 위궤양을 일으키고 소장 점막을 손상시켜 영양소 흡수 불량을 초래한다.

체내에 흡수된 술은 주로 간에서 대사되므로 과음은 간에 크게 부담을 주어 잦은 음주는 간세포의 파괴를 일으키고 간에 중성지방이 침착되어 간이 커지고 지방이 간에 축적되어 건강을 해치게 된다.

그 외 심장에도 영향을 주어 심근경색을 일으킬 수 있다. 담배는 폐포대식세포의 과산화 수소의 발생을 증가시켜 폐기종을 유발하기 쉽고 항 단백분해효소의 부족을 가져와 폐를 상하게 한다.

카페인은 커피나 홍차, 콜라 등에 많은데 이는 중추신경을 자극시켜 이뇨촉진, 혈압 상승, 철분 흡수 방해, 불면증 등을 일으키게 된다.

⑨ 식생활 및 일상 생활의 균형을 이루자.

식사의 양과 질은 현재까지의 건강상태에 영향을 끼치고 있다. 따라서 규칙적인 식사와 균형된 식사를 함으로써 일상 생활과 생활에 항상성의 관계를 유지할 수가 있다.

⑩ 식사는 즐겁게 하자.

가족들이 한자리에 모여 정성껏 만든 음식을 섭취 할 때 소화율도 증가되고 가족의 사랑도 더 돈독해 진다.

그러므로 즐겁고 바람직한 식사가 되도록 식환경을 만들고 음식을 준비하도록 한다.

2. 경제면

한정된 식품비에 맞게 식사를 계획 하는 것은 매우 중요한데 식품비의 조절은 어떤 식품을 선정 하느냐 하는 것이 제일 먼저 생각하여야 할 일이다.

식생활 관리자는 경제적인 식사관리를 위해서 물가와 시장 동향을 파악하고 신선한 식품 감별법 등 식사에 관련된 지식과 정보, 경험을 갖추도록 하여야 한다.

소득 수준의 향상으로 소비 지출 중 식품비가 차지하는 비중인 엥겔지수는 1981년에 42.9%에서 1999년에는 27.7%로 15.2% 감소하였다.

식품비중 그 구성 비율을 살펴보면 주식과 부식비는 감소한 반면 기호 식품과 외식비 등은 증가하는 양상을 보인다.

일반적으로 식품비의 비율은 가족이 증가함에 따라 높아지지만 가족수가 많아지면 1인당 비용은 적어지게 된다.

또한 식품 필요량의 질적인 차이도 식품비에 영향을 주는데 가족 구성원 중 특이 체질자가 있다던지 귀한 과일을 좋아한다던지 또는 고기류를 좋아하면 총 식품비의 지출은 증가한다.

즉, 식품비 예산의 중요한 결정 요인은 구입해야 할 식품의 양과 종류인 것이다. 이외에 식품비에 영향을 주는 요인으로 가족의 수입이 있는데 미국 노동 통계국 조사에 의하면 수입이 제일 낮은 가정의 1주 식품비의 2배가 수입이 제일 높은 가정에서의 비용이라고 한다.

이는 수입이 증가함에 따라 육류와 생선류, 귀한 과일류, 우유와 유제품, 편의품의 사용은 많아지고 곡류와 달걀, 밀가루의 소비는 적어지는 경향이었다.

또 거주지역이 어디냐에 따라서도 소비되는 식품비는 달라질 수 있는데 대도시에 사느냐 지방 소도시에 거주 하느냐에 따라 식품비에 차이가 있다.

또한 주부가 직장을 갖게 될 경우 반조리된 식품이나 편이 식품을 구입하는 기회가 그렇지 않은 주부보다 많아 이것은 결국 식품비 지출에 영향을 준다.

3. 기호면

아무리 영양이 풍부하더라도 맛이 없거나 좋아하지 않는 음식을 계속 먹게 된다면 식사 시간이 즐겁지 않을 것이다.

음식을 보고 먹고 싶다고 느끼는 것은 영양 때문이라기 보다는 내가 좋아하기 때문에, 맛이 있기 때문에, 냄새가 좋기 때문인 경우가 많다.

그러므로 식사계획을 할 때 그 대상자의 기호를 고려하여 음식을 준비하도록 하여야 할 것이다.

1) 식품의 향미

식사 중에는 먹기전에 음식의 냄새를 맡게 된다. 냄새는 매우 중요하며 구운 고기의 냄새, 빵의 구수한 냄새 등은 우리가 음식을 먹을 때 느끼는 커다란 즐거움중의 하나이다.

음식의 향은 또한 음식의 온도에 의해서도 달리 느끼게 되는데 찬 음식은 차게, 따뜻한 음식은 따뜻하게 온도 유지를 하였을때 그 향과 맛을 더 좋게 느끼게 된다.

또한 조리 할때 향미를 증가 시키는 방법으로 조미료나 향신료를 적절히 사용함으로써 음식의 맛을 증가시키기도 한다.

2) 식품의 색과 소리

음식의 색은 눈으로 즐거움을 줄 뿐만 아니라 식욕을 자극하기도 한다. 같은 음식이라도 색이 다르면 식욕에 영향을 줄 수 있으므로 조리시 식품 고유의 색을 잘 살려서 하는 것이 좋다.

또한 음식을 끓일 때의 보글거리는 소리가 나던가 고기를 구울때의 지글거리는 소리, 과일을 씹을 때의 아삭거리는 소리들도 음식의 맛을 증가시키는 요소가 된다.

3) 입안에서의 느낌

물리적인 맛이라고도 하는데 식품이나 음식이 가지고 있는 조직감에 따라 맛이 좌우된다. 음식을 만들 때 바람직한 질감을 내기 위해 식품이 가진 특징적인 조직감을 잘 살려 좋아하는 조직으로 만들어야 한다.

즉, 바삭거림, 미끈거림, 단단함, 아삭거림, 쫄깃거림 등 서로 다른 조직감을 음식에 배합함으로써 음식을 먹을 때의 즐거움을 더해 줄 수 있다.

4) 맛

혀의 미뢰를 통하여 느끼는 감각으로 사람이 맛을 느끼는 예민도는 쓴맛, 신맛, 짠맛, 단맛의 순서이며 맛의 예민도는 음식의 온도, 음식을 먹는 사람의 생리상태에 의해서도 영향을 받는다.

각 음식의 최적온도는 다르며 이 온도를 알고 있으면 조리 할 때에 보다 맛있는 음식을 먹을 수가 있다.

커피, 된장국 등 국물은 60~70℃ 적포도주는 13℃, 주스와 맥주는 6~12℃, 아이스크림은 −6℃, 냉수는 10℃ 전후가 최적온도이다.

음식을 서빙할 때 이들의 최적온도를 적용하면서 하게되 면 보다 맛있게 식사할 수 있을 것이다.

4. 시간, 노력면(능률면)

식생활 관리자는 식사를 위한 식단 작성, 시장보기, 식사준비, 상차리기, 식사 시중들기, 식사 후 뒤처리, 부엌과 식당에 관한 관리 등을 하는데 많은 시간과 노력이 요구된다.

재료구입이나 음식을 준비하는데 너무 많은 시간과 노력이 요구된다면 곤란할 것이다.

미국에서 1000명의 주부를 대상으로 조사한 식품에 관련된 활동시간을 보면 총 21.9시간 중 17.9시간의 식사품 준비, 그릇 닦기, 정돈하기 등에 소비되었고, 1일 평균 3.14시간이였다. (표 2-5).

식사 준비에 사용되는 시간은 가족의 수, 식사 수준, 부엌의 효율성, 조리 기술과 정보 등 여러 인자에 의해 결정된다.

그러므로 식생활 관리자는 부엌을 작업하기에 편리한 공간으로 바꿈으로써 시간과 노력을 절약 할 수 있을 것이고 때로는 이미 만들어진 반조리 식품 또는 완전 조리 식품을 활용함으로써 능률적으로 식사준비를 할 수 있다.

때로는 식사 준비와 설거지 등에 사람을 고용함으로써 그 노력과 시간을 줄일 수도 있다.

〈표 2-5〉 식품에 관련된 활동시간

평균 소비 시간	시간
식품과 관련된 장보기	1.7
구입한 식품 집어 넣기	0.5
빵 굽기	1.8
조리 하기	9.0
상 보기	0.9
설거지와 정돈하기	7.1
식사 계획	0.9
총계	21.9
1 일 평 균	3.1

식단 작성의 기본

1. 식단 계획의 필요성

식사의 목표를 달성 하기위해 식사를 계획하는 사람은 매끼 식사에 있어 바람직한 식사가 되도록 계획을 세워야 한다. 식단계획이 필요한 이유는 아래와 같다.

1) 알맞은 영양공급을 하기 위해

식단계획을 미리 하게 되면 대상에 맞는 영양공급을 차질 없이 할 수 있다.

필요한 영양소요량은 식사하는 사람의 연령과 성별, 노동 강도 등에 따라 다르다.

2005년 한국영양학회에서 새로 제정한 한국인 영양 섭취 기준을 참고하여 식단 작성을 하여야 한다 (표 3-1).

새로운 영양섭취기준(Dietary Reference Intakes)은 평균필요량(Estimated Average Requirements), 권장섭취량(Recommended Intake), 충분섭취량(Adequate Intake), 상한섭취량(Tolerable Upper Intake)의 4가지로 구성되어 있다.

평균필요량은 대상 집단을 구성하는 건강한 사람들의 절반에 해당하는 사람들의 일일 필요량을 충족시키는 값으로 대상 집단의 필요량 분포치 중앙값으로부터 산출한 수치이다.

권장섭취량은 평균필요량에 표준편차의 2배를 더하여 정한 수치이다.

충분섭취량은 영양소 필요량에 대한 정확한 자료가 부족하거나 필요량의 중앙값과 표준편차를 구하기 어려워 권장섭취량을 산출할 수 없는 경우에 사용된다.

상한섭취량은 인체 건강에 유해 영향이 나타나지 않는 최대 영양소 섭취 수준으로 과량 섭취 시 건강에 악영향의 위험이 있다는 자료가 있는 경우에 설정이 가능한 수치이다.

〈표 3-1〉 한국인 영양섭취기준(KDRIs, Dietary Reference Intakes for Koreans)
■ 30세 성인의 에너지필요추정량

한국영양학회, 한국인영양섭취기준위원회. 2005

성별	신장(cm)	신체활동 수준	체중(kg)		에너지필요추정량	
			기준BMI 18.5	기준BMI 24.9	기준BMI 18.5	기준BMI 24.9
남자	160	비활동적 저활동적 활동적 매우 활동적	47.4	64.0	1,993 2,171 2,397 2,769	2,257 2,464 2,727 3,160
	170	비활동적 저활동적 활동적 매우 활동적	53.5	72.2	2,114 2,338 3,586 2,992	2,442 2,670 2,959 3,434
	180	비활동적 저활동적 활동적 매우 활동적	59.9	81.0	2,301 2,513 2,782 3,225	2,635 2,884 3,200 3,720
여자	150	비활동적 저활동적 활동적 매우 활동적	41.6	56.2	1,625 1,803 2,025 2,291	1,762 1,956 2,198 2,489
	160	비활동적 저활동적 활동적 매우 활동적	47.4	64.0	1,752 1,944 2,185 2,474	1,907 2,118 2,385 2,669
	170	비활동적 저활동적 활동적 매우 활동적	53.5	72.2	1,881 2,090 2,350 2,662	2,057 2,286 2,573 2,917

■ 에너지적정비율

한국영양학회, 한국인영양섭취기준위원회. 2005

영양소	1~2세	3~19세	20세 이상
탄수화물	50-70%	55-70%	55-70%
단백질	7-20%	7-20%	7-20%
지방	20-35%	15-30%	15-25%
n-6 불포화지방산	4-8%	4-8%	4-8%
n-3 불포화지방산	0.5-1.0%	0.5-1.0%	0.5-10%

■ 다량영양소

한국영양학회, 한국인영양섭취기준위원회. 2005

성별	연령	에너지(kcal/일)				탄수화물(g/일)				지방(g/일)				n-6 불포화지방산(g/일)			
		필요 추정량	권장 섭취량	충분 섭취량	상한 섭취량	평균 필요량	권장 섭취량	충분 섭취량	상한 섭취량	평균 필요량	권장 섭취량	충분 섭취량	상한 섭취량	평균 필요량	권장 섭취량	충분 섭취량	상한 섭취량
영아	0~5(개월)	600						55				25				2.0	
	6~11	730						90				25				4.5	
유아	1~2(세)	1,000															
	3~5	1,400															
남자	6~8(세)	1,600															
	9~11	1,900															
	12~14	2,400															
	15~19	2,700															
	20~29	2,600															
	30~49	2,400															
	50~64	2,200															
	65~74	2,000															
	75 이상	2,000															
여자	6~8(세)	1,500															
	9~11	1,700															
	12~14	2,000															
	15~19	2,000															
	20~29	2,100															
	30~49	1,900															
	50~64	1,800															

성별	연령	에너지(kcal/일)				탄수화물(g/일)				지방(g/일)				n-6 불포화지방산(g/일)			
		필요추정량	권장섭취량	충분섭취량	상한섭취량	평균필요량	권장섭취량	충분섭취량	상한섭취량	평균필요량	권장섭취량	충분섭취량	상한섭취량	평균필요량	권장섭취량	충분섭취량	상한섭취량
	65~74	1,600															
	75 이상	1,600															
임신부		+0/340/450*														9	
수유부		+320														10	

성별	연령	n-3 불포화지방산(g/일)				단백질(kcal/일)				식이섬유(g/일)				수분(ml/일)			
		평균필요량	권장섭취량	충분섭취량	상한섭취량	평균필요량	권장섭취량	충분섭취량	상한섭취량	평균필요량	권장섭취량	충분섭취량	상한섭취량	평균필요량	권장섭취량	충분섭취량	상한섭취량
영아	0~5(개월)			0.3				9.5								700	
	6~11			0.8		10	13.5									800	
유아	1~2(세)					12	15					12				1,100	
	3~5					15	20					17				1,400	
남자	6~8(세)					20	25					19				1,700	
	9~11					38	35					23				2,000	
	12~14					40	50					29				2,400	
	15~19					45	60					32				2,700	
	20~29					45	55					31				2,700	
	30~49					45	55					29				2,500	
	50~64					40	50					26				2300	
	65~74					40	50					26				2,100	
	75 이상					40	50					26				2,100	
여자	6~8(세)					20	25					18				1,600	
	9~11					25	35					20				1,800	
	12~14					35	45					24				2,000	
	15~19					35	45					24				2,100	
	20~29					35	45					25				2,100	
	30~49					35	45					23				2,000	
	50~64					35	45					22				1,800	
	65~74					35	45					22				1,700	
	75 이상					35	45					22				1,700	
임신부				2.1		+19	+25					+5				+200	
수유부				2.4		+20	+25					+4				+700	

* 임신 3분기별 영양섭취기준

■ 지용성 비타민

한국영양학회, 한국인영양섭취기준위원회. 2005

성별	연령	비타민 A(μg RE/일)				비타민 D(μg/일)				비타민 E(mg α-TE/일)				비타민 K(μg/일)			
		평균 필요량	권장 섭취량	충분 섭취량	상한 섭취량	평균 필요량	권장 섭취량	충분 섭취량	상한 섭취량	평균 필요량	권장 섭취량	충분 섭취량	상한 섭취량	평균 필요량	권장 섭취량	충분 섭취량	상한 섭취량
영아	0~5(개월)			350	600			5	25			3				4	
	6~11			400	600			2	25			4				7	
유아	1~2(세)	200	300		600			10	60			5	100			25	
	3~5	210	300		700			10	60			6	130			30	
남자	6~8(세)	290	400		1,000			10	60			7	180			45	
	9~11	380	550		1,400			10	60			9	260			55	
	12~14	500	700		2,100			10	60			10	380			70	
	15~19	600	850		2,400			10	60			10	430			80	
	20~29	540	750		3,000			5	60			10	540			75	
	30~49	520	750		3,000			5	60			10	540			75	
	50~64	500	700		3,000			10	60			10	540			75	
	65~74	500	700		3,000			10	60			10	540			75	
	75 이상	500	700		3,000			10	60			10	540			75	
여자	6~8(세)	270	400		1,000			10	60			7	180			45	
	9~11	350	500		1,400			10	60			9	260			55	
	12~14	460	650		2,100			10	60			10	380			65	
	15~19	500	700		2,400			10	60			10	430			65	
	20~29	460	650		3,000			5	60			10	540			65	
	30~49	450	650		3,000			5	60			10	540			65	
	50~64	430	600		3,000			10	60			10	540			65	
	65~74	430	600		3,000			10	60			10	540			65	
	75 이상	430	600		3,000			10	60			10	540			65	
임신부	+50	+70			3,000			+5	60		+0	540			+0		
수유부	+350	+500			3,000			+5	60		+3	540			+0		

*RRR-α-tocopherol

■ 수용성비타민

한국영양학회, 한국인영양섭취기준위원회. 2005

성별	연령	비타민 C(mg/일)				티아민(mg/일)				리보플라빈(mg/일)				나이신(mg NE/일)				
		평균필요량	권장섭취량	충분섭취량	상한섭취량	평균필요량	권장섭취량	충분섭취량	상한섭취량	평균필요량	권장섭취량	충분섭취량	상한섭취량	평균필요량	권장섭취량	충분섭취량	상한섭취량1	상한섭취량2
영아	0~5(개월)			35				0.2				0.3				2		
	6~11			45				0.3				0.4				3		
유아	1~2(세)	30	40		350	0.4	0.5			0.5	0.6			5	6		10	180
	3~5	30	40		500	0.4	0.5			0.6	0.7			5	7		10	250
남자	6~8(세)	40	60		700	0.6	0.7			0.7	0.9			7	9		15	350
	9~11	55	70		1,000	0.8	0.9			0.9	1.1			9	12		20	500
	12~14	75	100		1,400	1.0	1.2			1.3	1.5			12	15		25	700
	15~19	85	110		1,600	1.1	1.4			1.5	1.8			13	18		30	800
	20~29	75	100		2,000	1.0	1.2			1.3	1.5			12	16		35	1,000
	30~49	75	100		2,000	1.0	1.2			1.3	1.5			12	16		35	1,000
	50~64	75	100		2,000	1.0	1.2			1.3	1.5			12	16		35	1,000
	65~74	75	100		2,000	1.0	1.2			1.3	1.5			12	16		35	1,000
	75 이상	75	100		2,000	1.0	1.2			1.3	1.5			12	16		35	1,000
여자	6~8(세)	40	60		700	0.5	0.6			0.6	0.7			6	9		15	350
	9~11	55	70		1,000	0.7	0.8			0.8	0.9			8	10		20	500
	12~14	70	90		1,400	0.8	1.0			1.0	1.2			10	13		25	700
	15~19	75	100		1,600	0.8	1.0			1.0	1.2			10	13		30	800
	20~29	75	100		2,000	0.9	1.1			1.0	1.2			11	14		35	1,000
	30~49	75	100		2,000	0.9	1.1			1.0	1.2			11	14		35	1,000
	50~64	75	100		2,000	0.9	1.1			1.0	1.2			11	14		35	1,000
	65~74	75	100		2,000	0.9	1.1			1.0	1.2			11	14		35	1,000
	75 이상	75	100		2,000	0.9	1.1			1.0	1.2			11	14		35	1,000
임신부		+10	+10		2,000	+0.4	0.5			+0.3	+0.4			+3	+4		35	1,000
수유부		+35	+35		2,000	+0.3	0.4			+0.4	+0.5			+3	+4		35	1,000

■ 수용성비타민

한국영양학회, 한국인영양섭취기준위원회. 2005

비타민 B6(mg/일)				엽산(μg DFE/일)				비타민 B12(μg/일)				판토텐산(mg/일)				비오틴(μg/일)			
평균 필요량	권장 섭취량	충분 섭취량	상한 섭취량	평균 필요량	권장 섭취량	충분 섭취량	상한 섭취량	평균 필요량	권장 섭취량	충분 섭취량	상한 섭취량	평균 필요량	권장 섭취량	충분 섭취량	상한 섭취량	평균 필요량	권장 섭취량	충분 섭취량	상한 섭취량
		0.1				65				0.2				1.7				5	
		0.3				80				0.5				1.8				6	
0.5	0.6		25	120	150		300	0.75	0.9					2				8	
0.6	0.7		35	150	180		300	0.9	1.1					2				10	
0.7	0.9		45	180	220		400	1.1	1.3					3				15	
0.9	1.1		60	250	300		600	1.5	1.8					4				20	
1.3	1.5		80	300	360		800	1.8	2.2					5				25	
1.5	1.8		100	320	400		1,000	2.0	2.4					6				25	
1.3	1.5		100	320	400		1,000	2.0	2.4					5				30	
1.3	1.5		100	320	400		1,000	2.0	2.4					5				30	
1.3	1.5		100	320	400		1,000	2.0	2.4					5				30	
1.3	1.5		100	320	400		1,000	2.0	2.4					5				30	
1.3	1.5		100	320	400		1,000	2.0	2.4					5				30	
0.7	0.8		45	180	220		400	1.1	1.3					3				15	
1.9	1.0		60	250	300		600	1.5	1.8					4				20	
1.2	1.4		80	300	360		800	1.8	2.2					5				25	
1.2	1.4		100	320	400		1,000	2.0	2.4					6				25	
1.2	1.4		100	320	400		1,000	2.0	2.4					5				30	
1.2	1.4		100	320	400		1,000	2.0	2.4					5				30	
1.2	1.4		100	320	400		1,000	2.0	2.4					5				30	
1.2	1.4		100	320	400		1,000	2.0	2.4					5				30	
1.2	1.4		100	320	400		1,000	2.0	2.4					5				30	
+0.7	+0.8		100	+200	+200		1,000	+0.2	+0.2					+1				+0	
+0.6	+0.7		100	+130	+150		1,000	+0.2	+0.2					+2				+5	

■ 다량무기질

한국영양학회, 한국인영양섭취기준위원회. 2005

성별	연령	칼슘(mg/일)				인(mg/일)				나트륨(g/일)				
		평균 필요량	권장 섭취량	충분 섭취량	상한 섭취량	평균 필요량	권장 섭취량	충분 섭취량	상한 섭취량	평균 필요량	권장 섭취량	충분 섭취량	상한 섭취량	목표량
영아	0~5(개월)			200				100				0.12		
	6~11			300				300				0.37		
유아	1~2(세)	300	500		2,500	350	500		3,000			0.8		
	3~5	400	600		2,500	390	500		3,000			1.0		
남자	6~8(세)	550	700		2,500	550	700		3,000			1.2		
	9~11	550	800		2,500	810	1,000		3,500			1.5		2.0
	12~14	800	1,000		2,500	870	1,000		3,500			1.5		2.0
	15~19	800	1,000		2,500	790	1,000		3,500			1.5		2.0
	20~29	580	700		2,500	580	700		3,500			1.5		2.0
	30~49	580	700		2,500	580	700		3,500			1.5		2.0
	50~64	580	700		2,500	580	700		3,500			1.3		2.0
	65~74	580	700		2,500	580	700		3,500			1.2		2.0
	75 이상	580	700		2,500	580	700		3,000			1.1		2.0
여자	6~8(세)	550	700		2,500	450	600		3,000			1.2		
	9~11	550	800		2,500	700	900		3,500			1.5		2.0
	12~14	750	900		2,500	690	900		3,500			1.5		2.0
	15~19	750	900		2,500	590	800		3,500			1.5		2.0
	20~29	580	700		2,500	580	700		3,500			1.5		2.0
	30~49	580	700		2,500	580	700		3,500			1.5		2.0
	50~64	580	800		2,500	580	700		3,500			1.3		2.0
	65~74	580	800		2,500	580	700		3,500			1.2		2.0
	75 이상	580	800		2,500	580	700		3,000			1.1		2.0
임신부		+220	+300		2,500	+0	+0		3,000			+0		2.0
수유부		+300	+400		2,500	+0	+0		3,500			+0		2.0

■ 다량무기질

한국영양학회, 한국인영양섭취기준위원회. 2005

성별	연령	염소(g/일)				칼륨(g/일)				마그네슘(mg/일)			
		평균 필요량	권장 섭취량	충분 섭취량	상한 섭취량	평균 필요량	권장 섭취량	충분 섭취량	상한 섭취량	평균 필요량	권장 섭취량	충분 섭취량	상한* 섭취량
영아	0~5(개월)			0.18				0.4				30	
	6~11			0.56				0.7				55	
유아	1~2(세)			1.2				2.5		60			(65)
	3~5			1.5				3.0		80			(85)
남자	6~8(세)			1.9				3.8		120			(120)
	9~11			2.3				4.7		170			(170)
	12~14			2.3				4.7		250			(250)
	15~19			2.3				4.7		340			(350)
	20~29			2.3				4.7		285			(350)
	30~49			2.3				4.7		295			(350)
	50~64			2.0				4.7		295			(350)
	65~74			1.8				4.7		295			(350)
	75 이상			1.6				4.7		295			(350)
여자	6~8(세)			1.9				3.8		115			(120)
	9~11			2.3				4.7		165			(170)
	12~14			2.3				4.7		230			(250)
	15~19			2.3				4.7		280			(350)
	20~29			2.3				4.7		235			(350)
	30~49			2.3				4.7		235			(350)
	50~64			2.0				4.7		235			(350)
	65~74			1.8				4.7		235			(350)
	75 이상			1.6				4.7		235			(350)
임신부				+0				+0		+33			(350)
수유부				+0.4				+0.4		+0			(350)

*식품외 급원의 마그네슘에만 해당

■ 미량무기질

한국영양학회, 한국인영양섭취기준위원회. 2005

성별	연령	철(mg/일)				아연(mg/일)				구리(μg/일)				불소(mg/일)			
		평균 필요량	권장 섭취량	충분 섭취량	상한 섭취량	평균 필요량	권장 섭취량	충분 섭취량	상한 섭취량	평균 필요량	권장 섭취량	충분 섭취량	상한 섭취량	평균 필요량	권장 섭취량	충분 섭취량	상한 섭취량
영아	0~5(개월)			0.26	40			1.73				225				0.01	0.6
	6~11	5	7		40	2.2	2.5					290				0.5	0.9
유아	1~2(세)	5	7		40	2.4	3		6	230	300		2,000			0.6	1.2
	3~5	5	7		40	3.1	4		8	290	380		2,000			0.8	1.6
남자	6~8(세)	7	9		40	4.3	5		13	340	440		3,000			1.0	2.2
	9~11	9	12		40	6.2	7		18	440	570		5,000			2.0	10
	12~14	9	12		40	6.5	8		26	580	750		7,000			2.5	10
	15~19	12	16		45	8.4	10		34	670	870		10,000			3.0	10
	20~29	8	10		45	8.1	10		35	600	800		10,000			3.5	10
	30~49	8	10		45	7.9	9		35	600	800		10,000			3.5	10
	50~64	8	10		45	7.5	9		35	600	800		10,000			3.0	10
	65~74	8	10		45	7.2	9		35	600	800		10,000			3.0	10
	75 이상	8	10		45	6.9	8		35	600	800		10,000			3.0	10
여자	6~8(세)	7	9		40	4.1	5		13	340	440		3,000			1.0	2.2
	9~11	9	12		40	5.9	7		18	440	570		5,000			2.0	10
	12~14	9	12		40	6.1	7		26	580	750		10,000			2.5	10
	15~19	12	16		45	7.2	9		34	670	870		10,000			2.5	10
	20~29	11	14		45	7.0	8		35	600	800		10,000			3.0	10
	30~49	11	14		45	6.8	8		35	600	800		10,000			2.5	10
	50~64	7	9		45	6.3	8		35	600	800		10,000			2.5	10
	65~74	7	9		45	6.0	7		35	600	800		10,000			2.5	10
	75 이상	7	9		45	5.8	7		35	600	800		10,000			2.5	10
임신부		+7.5	+10		45	+2.0	+2.5		35	+100	+130		10,000			+0	10
수유부		+0	+0		45	+4.3	+5.0		35	+350	+450		10,000			+0	10

*RRR-α-tocopherol

■ 미량무기질

한국영양학회, 한국인영양섭취기준위원회. 2005

성별	연령	망간(mg/일)				요오드(μg/일)				셀레늄(μg/일)				몰리브덴(μg/일)			
		평균 필요량	권장 섭취량	충분 섭취량	상한 섭취량	평균 필요량	권장 섭취량	충분 섭취량	상한 섭취량	평균 필요량	권장 섭취량	충분 섭취량	상한 섭취량	평균 필요량	권장 섭취량	충분 섭취량	상한 섭취량
영아	0~5(개월)			0.008				130				8.5	45				
	6~11			0.8				170				11	60				
유아	1~2(세)			1.2	2	55	80			16	20		85				100
	3~5			2.0	3	65	90			18	25		100				150
남자	6~8(세)			2.5	4	75	100			24	30		150				200
	9~11			3.0	5	85	120			32	40		200				300
	12~14			3.3	7	90	130			41	50		250				400
	15~19			3.5	9	95	140			47	60		300				500
	20~29			3.5	11	95	150		3,000	42	50		400				600
	30~49			3.5	11	95	150		3,000	42	50		400				600
	50~64			3.5	11	95	150		3,000	42	50		400				600
	65~74			3.5	11	95	150		3,000	42	50		400				600
	75 이상			3.5	11	95	150		3,000	42	50		400				600
여자	6~8(세)			2.3	4	75	100			24	30		150				200
	9~11			2.5	5	85	120			32	40		200				300
	12~14			2.8	7	90	130			41	50		250				400
	15~19			3.0	9	95	140			47	60		300				500
	20~29			3.0	11	95	150		3,000	42	50		400				600
	30~49			3.0	11	95	150		3,000	42	50		400				600
	50~64			3.0	11	95	150		3,000	42	50		400				600
	65~74			3.0	11	95	150		3,000	42	50		400				600
	75 이상			3.0	11	95	150		3,000	42	50		400				600
임신부				+0	11	+65	+90			+3	+4		400				600
수유부				+0	11	+130	+180			+9	+11		400				600

*RRR-α-tocopherol

2005년 한국영양학회 제정에 의하면 한국인 영양섭취기준 성별, 연령군 구분은 (표 3-2)와 같으며, 이때의 설정을 위한 체위기준은 (표 3-3)과 같다.

〈표 3-2〉 한국인 영양섭취기준 성별, 연령군 구분

구분	연령군
영아	0~5(개월) 6~11
유아	1~2(세) 3~5
남 · 여	6~8(세) 9~11 12~14 15~19 20~29 30~39 40~49 50~64 65~74 75 이상

〈표 3-3〉 한국인 영양섭취기준 설정을 위한 체위기준

연령군		신장(cm)	체중(kg)
영아	0~5(개월)	61.9	6.5
	6~11	72.3	9.1
유아	1~2(세)	85.9	12.2
	3~5	102	16.3
남자	6~8(세)	122	23.8
	9~11	138	34.5
	12~14	159	49.6
	15~19	172	63.8
	20~29	173	65.8
	30~49	170	63.6
	50~64	166	60.6
	65~74	164	59.2
	75 이상	164	59.2

〈표 3-3〉 계속

연령군		신장(cm)	체중(kg)
여자	6~8(세)	120	22.9
	9~11	138	32.6
	12~14	155	46.5
	15~19	160	53.0
	20~29	160	56.3
	30~49	157	54.2
	50~64	154	52.2
	65~74	151	50.2
	75 이상	151	50.2

새로운 영양섭취기준과 영양 권장량의 다른 점은 1) 영양권장량은 영양부족 · 증상이 없는 것만을 중심으로 하였으나 영양섭취기준은 만성퇴행성질환의 위험을 감소시키기 위한 권장을 하고 2) 과잉섭취 시 위험요인이 있는 경우 상한선이 정해졌고 3) 지금까지 알려진 전통적 영양소 이외에 건강에 도움을 주는 여러 인자가 김도되었다는 것이다.

식사계획을 할 때는 개인을 대상으로 하는 경우에는 권장섭취량이나 충분섭취량에 가까운 섭취를 하도록 해야 하며 단체를 대상으로 하는 경우에는 평상시섭취의 분포가 부족하거나 과잉의 위험이 적도록 하기 위해서 평균필요량이나 상한섭취량을 이용해서 계획을 세우도록 한다. (표 3-4)

〈표 3-4〉 식사 계획을 위한 영양섭취기준의 사용 (2005년 한국영양학회 제정)

	개인 대상으로 하는 경우	집단을 대상으로 하는 경우
평균필요량a)	개인의 영양섭취목표로 사용하지 않는다.	평소 섭취량이 평균섭취량 미만인 사람의 비율이 최소화 하는 것을 목표로 한다.
권장섭취량	평소 섭취량이 평균필요량 이하의 사람은 권장섭취량을 목표로 한다.	집단의 식사 계획 목표로 사용하지 않는다.

〈표 3-4〉 계속

	개인 대상으로 하는 경우	집단을 대상으로 하는 경우
충분섭취량b)	평소 섭취량을 충분섭취량에 가깝게 하는 것을 목표로 한다.	집단에 있어서 섭취량의 중앙값이 충분섭취량이 되도록 하는 것을 목표로 한다.
상한섭취량	평소 섭취량을 상한섭취량 미만으로 한다.	평소 섭취량이 상한섭취량 이상인 사람의 비율이 최소화하도록 한다.

a) 에너지의 경우에는 에너지요구량을 목표로 하며, 이는 건강한 성인이 에너지 균형을 위해 섭취해야하는 양으로, 연령 · 성별 · 키 · 체중 · 활동정도에 따라 달라진다. 어린이, 임산부의 경우 건강유지 뿐만 아니라 성장, 유즙 분비에 필요한 양을 포함한다. 체중을 모니터하면서 에너지 섭취량을 조정해야한다.
b) 충분섭취량이 건강한 집단의 평균섭취량으로 설정된 것이 아니라면, 식사계획의 목표로 정하는데 문제가 될 수 있다.

2) 합리적인 식품 선택을 하기 위해

(1) 여섯가지 식품군

균형 잡힌 식사를 하기 위해 여섯 가지 식품군이 골고루 배합되도록 식품의 양과 종류를 결정하고 매 식사 때마다 섭취되도록 고려 한다.

여섯가지 식품군은

- 곡류 및 전분류
- 고기, 생선, 계란, 콩류
- 채소류
- 과일류
- 우유 및 유제품
- 유제, 견과 및 당류

로 분류한다 (2005년 한국영양학회 제정).

(2) 대치 식품

식품에 함유된 주 영양소를 생각해서 기호에 따라 또는 계획된 식단 가격이 비싸서 예산구입이 어려울 때 대치 식품을 적절히 이용한다.

예를 들면, 계획된 식단 가격이 비싸서 예산으로 구입하기 어려울 때 대치 식품을 생각하여 쇠고기 대신 생선을 이용하거나 닭고기, 두부 등을 사용할 수 있다.

(3) 식품 가격

계절에 따라 생산되는 식품이 달라지므로 제철에 많이 생산되는 식품을 이용하면 가격을 저렴하게 할 수 있으며 영양도 풍부한 식품을 선택 할 수 있다.

(4) 식품 선택

가식부율이 높은 식품을 선택하면 폐기율이 적어 식품 이용율을 높일 수 있다. 조개류와 생선류는 비교적 폐기율이 많은 식품이다.

3) 기호를 만족시키기 위해

대상에 대한 기호를 잘 파악하며 가족의 기호를 좋은 방향으로 이끌어 나가도록 식사계획을 한다.

시각적으로 기쁨과 만족을 주면서 좋아하는 조리법이나 식품을 선택하고 좋아하는 모양 등을 응용하여서 식사를 통하여 즐거움을 주도록 한다.

또 연령과 성에 따라 기호가 다르므로 기호도 조사를 하여 식사계획에 배려하도록 한다.

또 음식의 맛과 냄새, 청각과 시각효과등도 기호에 영향을 주므로 적절한 조화가 식단작성시 고려 되어야 한다.

4) 합리적인 시간과 노력의 배분을 위해

최근 직업 여성의 증대와 사회 활동 증가, 취미 활동 증가로 인해 식사준비에 많은 시간과 노력이 소요되므로 시간과 노력을 줄이려는 경향이 있다.

조리시간을 단축 시킬 수 있는 조리법이나 주방기기와 설비 개선을 하고 반조리 식품과 완전조리 식품, 반찬수 조절 등을 식사계획시 적절히 고려하도록 한다.

또한 조리의 기계화, 자동화도 적용 할 수 있을 것이다.

5) 합리적 식생활을 함으로써 좋은 식습관을 형성 하기 위해

한 개인의 식습관은 오랫동안의 식품에 대한 지식과 경험, 섭취 빈도와 식사 예의, 종교 등 여러 요인에 의해 결정된다.

따라서 계획된 식사계획은 올바른 식습관을 형성시키는데 중요한 역할을 한다.

2. 식단 작성의 기본 지식

식단 작성시에 필요한 기초 지식으로 식품의 목측량, 건물량, 1인분량 등을 알아보면 아래와 같다.

1) 식품의 목측량

눈으로 대략의 양을 확인하는 것을 목측량이라고 하는데 식품의 목측량은 평소에 실습을 통해 충분히 익혀두도록 한다 (표 3-5).

2) 건물량

건조식품은 물에 불렸을때 그 양이 증가 하므로 각 식품의 대략적인 증가율을 알고 있으면 잘못된 분량 측정으로 오는 낭비를 막을 수 있다.(표 3-6)

〈표 3-5〉 식품의 목측량과 1인 분량

식품명	식품의 양	식품명	식품의 양
쇠고기	국에 넣을 때 5~10g 찌개에 넣을때 10~20g 볶음 30~50g 구이 80~100g	달걀	대 70~80g 중 50~60g 소 30~40
돼지고기	찌개 20~30g 튀김 50~60g 구이 80~100g	생선	조기(중) 330g 갈치(중) 400~410g 꽁치(중) 75~85g 병어 270~280g
닭고기	전체 1,000~1,050g 날개(1쪽) 50~60g 다리(1쪽) 130~140g 가슴(1족) 100~110g	채소류 김치	찌개 30~50g 나물 60~100g 50~100g

〈표 3-6〉 건물 불렸을때의 비율

식품군 별	식품명	비율	비고
버섯류	느타리 버섯 표고 버섯 목이 버섯	3.0 9.1 8.0	
해조류	미역 다시마	9.0 3.0	
곡류	쌀밥 콩 국수 라면	2.5~2.7 3.0 3.0 2.0	
채소류	고사리 고비	7.0 6.0	삶아 건져 24시간 물에 불린것
건어패류	건 대구 건 오징어 건 홍합	2.4 4.4 3.0	

3) 가식부율

자연 식품은 조리 전처리 과정에서 상당량을 버리게 되므로 순수하게 사용되는 분량을 식단의 영양급여량으로 하기 때문에 이 버려지는 부분을 감안하여 식품구입을 하여야 한다.

그러므로 각 식품의 가식율을 알고 있으면 식품 구입시 편리하다. (표 3-7)에 각 식품군별 평균 가식율을 제시하였다.

〈표 3-7〉 식품군 별 평균 가식율

식품군 별	가식율(%)	식품군별	가식율(%)
채소류	85	어패류(생선)	82
김치류	90	게류(껍질있는)	25
과일류	76	어패류(염건)	82
어류(통째)	62	난류	87
어류(토막)	83		

4) 계절 식품

사계절이 뚜렷한 우리나라는 계절에 나는 식품이 매우 다양하다.

식단에 이런 계절성을 반영하면서 작성하면 피급식자는 보다 기쁜 마음을 갖고 식사를 할 수 있을 것이다.

또한 계절 식품은 신선하고 영양이 풍부하며 값도 싸므로 잘 활용하면 매우 유리하다.

식단 작성의 실제

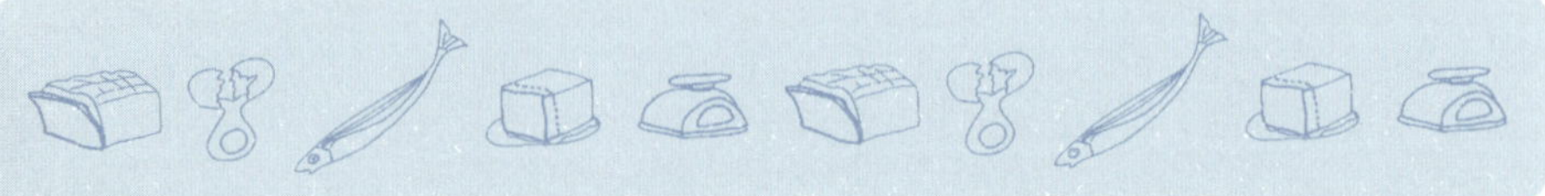

식단 작성은 여러 가지 방법으로 할 수가 있는데 다양한 식단 작성 방법을 알아보고 보다 편리하고 과학적인 방법을 터득해 나가도록 하자. 몇 가지 방법을 소개 한다.

1. 식품 성분표를 이용한 식단 작성

식품 성분표에 나타난 식품의 영양소를 통해 열량과 단백질을 맞추어 작성하는 방법으로 기본적인 식단 작성 개념을 익히는데 좋은 방법이다.

1) 권장섭취량 결정(대상이 개인인 경우)

급여 대상에 따라 1인 1일 권장섭취량을 결정한다.

예)여자 2000kcal(열량) 60g(단백질)

(2005년 제정에 의하면 에너지 필요 추정량은 여자 30세 성인 160cm 활동적일 경우 2,185kcal이나 편의상 2,000kcal로 함)

2) 세끼 식사의 영양량 배분

주식 1 : 1: 1

부식 1 : 1.5 : 1.5로 하는 경우

총열량의 60%를 곡류 및 전분에서 취할 경우

2000×0.6=1200kcal 주식에서 취할 열량

나머지 800kcal는 부식에서 취함

<영양량 배분표>

	아침	점심	저녁	계(kcal)
주식	400	400	400	1200
부식	200	300	300	800
계(kcal)	600	700	700	2000

3) 식품구성 결정

(1) 주식 결정

① 쌀일 경우

㉠ 100g : 340kcal= x: 400kcal

x =117.6

≒120(g)

㉡ 잡곡을 20% 할 경우

120×0.2= 24g

∴ 쌀 96g 잡곡 24g으로 밥을 짓는다.

② 국수일 경우

100g : 329kcal=x: 400kcal

x≒120(g)

③ 식빵일 경우

100g : 295kcal=x: 400kcal

x ≒ 135(g)

즉) 쌀밥일 경우 1끼당 120g씩, 국수일 경우 1끼당 120g씩, 식빵일 경우 1끼당 135g으로 식사를 준비한다.

(2) 부식의 결정

1일 단백질 권장량이 60g이고 이중 1끼는 1/3이므로 20g을 섭취하면 된다. 이중 동물성 단백질 섭취량은 1/3이므로 6.7g이 된다.

20g−(6.7+7.8)=5.5g(콩 및 기타 식품에서 얻어야 할 단백질 쌀일 경우

100 : 6.5=120 : x

x=7.8(g)

즉) 동물성 식품에서 얻어야 할 단백질량이 6.7g되도록 하고 기타 식품에서

얻어야 할 양을 5.5g으로 한다. 이는 음식의 1회 분량을 생각하여 1인분량을 정한다.

끼니	음식명	식품 재료명	분량	열량	단백질	가격(단가)
아침						
소 계						
점 심						
소 계						
저 녁						
소 계						
총 계						

4) 식단 표기

① 기입순서는 주식 → 국이나 찌개 → 동물성 단백질 식품 → 채소 → 김치 → 후식이나 음료수로 일반적으로 기입한다.

② 맛의 조화, 향기의 조화, 질감, 음식의 모양, 조리방법 등을 고려하여 음식명을 정한다.

5) 영양가 산출

① 보통 열량과 단백질 섭취량만 기입한다.

② 아침, 점심, 저녁의 각각의 소계를 내고 1일 총계를 산출한다.

6) 식단 평가

급여 영양량에 근접 했는가? 식비 예산에 맞는가? 식품구입면, 능률면, 기호면,

조리원리 작업 능력등을 고려하였나? 전체적으로 피급식자에게 호감이 가는 식단인가를 종합적으로 평가한다.

7) 식비계산

한끼당 혹은 하루당 식비를 산출하려면 물가 조사에 의한 식품당 단가 (100g, 10g당)를 계산하여 식단에 표시된 식품량에 적용하여 산출한다. 예상단가 보다 많이 나올때는 대치 식품을 이용하여 단가를 조절한다.

2. 식품 교환표를 이용한 식단 작성

1) 식품 교환표란?

우리가 일상 생활에서 섭취하고 있는 식품들을 영양소가 비슷한 것 끼리 묶어 6가지 식품군으로 나눈 표이다. 6가지 식품군은 곡류군, 어육류군, 채소군, 지방군, 우유군, 과일군으로 균형잡힌 식사를 하기 위해서는 이 6가지 식품군을 골고루 섭취해야 된다.

2) 1교환 단위란?

같은 식품군안에 있는 식품들은 영양소의 구성이 비슷하여 기호나 식단가에 따라 같은 교환 단위 끼리는 서로 바꾸어 먹을 수 있다.

3) 각 식품군의 1교환 단위

(1) 식품군별 1교환 단위당 영양 성분

① 곡류군

1교환단위당 영양소 함량. 당질: 23g / 단백질: 2g / 열량: 100kcal

식품	무게(g)	눈어림치
쌀밥	70	1/3 공기
보리밥	70	1/3 공기
백미	30	3 큰스푼
현미	30	3 큰스푼
찹쌀	30	3 큰스푼
보리(쌀보리)	30	3 큰스푼
미숫가루	30	5 큰스푼
밀가루	30	5 큰스푼
율무	30	3 큰스푼
차수수	30	3 큰스푼
차조	30	3 큰스푼
팥(붉은 것)	30	3 큰스푼
녹말가루	30	5 큰스푼
머핀(옥수수)	35	中 1/2개
모닝빵	35	中 1개
바게트빵	35	中 2쪽
식빵	35	1 쪽
햄버거빵	35	1쪽
가래떡	50	썰은 것 11개
시루떡	50	
인절미	50	3개(3×2.5×1.5㎝)
마른국수	30	
삶은국수	90	1/2 공기
메밀국수	30	
당면(마른 것)	30	
냉면(마른 것)	30	1/2 모
도토리묵	200	
메밀묵	200	
녹두묵	100	中 1개
감자	130	中 1/2개
고구마	100	1컵
토란	130	1/2개
옥수수	50	中 6개
밤(생 것)	60	
은행	60	1/3컵
오트밀	30	3/4컵
콘플레이크	30	5개
크래커	20	

② 어육류군

■ 저지방

1교환단위당 영양소 함량. 단백질: 8g / 지방: 2g / 열량: 50kcal

식품	무게(g)	눈어림치
닭고기 (껍질, 기름제거한 살코기)	40	小 1토막(탁구공 크기)
닭간 *	40	
돼지고기 (기름기전혀없는 살코기)	40	로스용 1장 (12×10.3㎝,탁구공크기)
소고기(사태, 홍두깨등)	40	로스용 1장(12×10.3㎝)
소간 *	40	* 96㎎
개고기, 토끼고기	40	
칠면조(껍질제거)	40	
육포	15	
가자미, 광어	50	小 1토막
대구, 동태	50	小 1토막
병어, 복어	50	小 1토막
연어, 적어	50	小 1토막
조기, 참도미	50	小 1토막
참치, 홍어	50	小 1토막
명란젓 *	40	* 136㎎
창란젓 *	40	
건오징어채 *	15	* 147㎎
굴비	15	1/2 토막
멸치(잔 것)	15	1/4 컵
뱅어포	15	1 장
북어	15	1/2 토막
쥐치포	15	
어묵(튀긴 것)	30	中 1장(6×8.5㎝)
어묵(찐 것)	50	
식물오징어 *	50	* 150㎎
새우(중하) *	50	3마리 * 75㎎
새우(깐 것) *	50	1/4컵 * 75㎎
꽃게	70	小 1마리
굴	70	1/3컵
낙지	100	1/2컵
멍게	70	1/3컵
미더덕	100	3/4컵
문어 *	70	1/3컵 * 95㎎
전복 *	70	小 2개 * 98㎎
조갯살	70	1/3컵
해삼	200	1과 1/3컵
홍합	70	1/3컵

*: 콜레스테롤이 많이 함유된 식품임. (1교환 단위당 함량)

■ 중지방

1교환단위당 영양소 함량. 단백질: 8g / 지방: 5g / 열량: 75kcal

식품	무게(g)	눈어림치
돼지고기(안심)	40	로스용 1장(12×10.3㎝)
소고기(등심, 안심)	40	
소곱창 *	40	1쪽(8×6×0.8㎝)
햄(로스)	40	小 1토막
고등어, 꽁치	50	小 1토막
도루묵, 민어	50	小 1토막
삼치, 이면수	50	小 1토막 * 100㎎
장어 *	50	小 1토막
전갱어, 준치	50	小 1토막
청어, 갈치	50	中 1개
달걀 *	55	5개 * 188㎎
메추리알 *	40	2 큰스푼
검정콩	20	1/6 모
두부	80	1컵
순두부	200	1/2 개
연두부	150	

*: 콜레스테롤이 많이 함유된 식품임.(1교환단위당 함량)

■ 고지방

1교환단위당 영양소 함량. 단백질: 8g / 지방: 8g / 열량: 100kcal

식품	무게(g)	눈어림치
닭고기(껍질 포함) ▲	40	
돼지족, 돼지머리 ▲	40	
삼겹살 ▲	40	
소갈비 ▲	30	小 1토막
소꼬리, 우설 ▲	40	
런천미트 ▲	40	5.5×4×1.8(㎝)
프랑크소시지 ▲	40	1과 1/3개
참치 통조림	50	1/3 컵
고등어 통조림	50	1/3 컵
꽁치 통조림	50	1/3 컵
뱀장어 *	50	小 1토막 * 99㎎
치즈	30	1.5장
유부	30	유부 6장

▲: 포화지방이 많이 함유된 식품임.

③ 채소군

1교환단위당 영양소 함량. 당질: 3g / 단백질: 2g / 열량: 20kcal

식품	무게(g)	눈어림치
가지	70	지름 3×길이 10(㎝)
깻잎	20	20장
고구마순, 근대	70	익혀서 1/3컵
고비(삶은 것)	70	
고사리(삶은 것)	70	1/3 컵
고춧잎(생 것)	25	1/2 컵
냉이	50	
단무지	70	
달래	70	
당근	70	지름 4×길이 5(㎝)
더덕	25	中 2개
도라지(생 것)	50	1/2 컵
두릅	50	
마늘쫑	25	
머위	70	
무, 미나리	70	익혀서 1/3컵
무말랭이	10	불려서 1/3컵
무청	50	
느타리, 싸리버섯	70	
표고버섯(생 것)	50	大 3개
양송이	70	
부추	70	익혀서 1/3컵
브로컬리	70	
김	2	
물미역	70	
상추, 양상추	70	
셀러리	70	6㎝ 길이 6개
숙주, 쑥갓	70	익혀서 1/3컵
쑥, 아욱	50	
시금치	70	익혀서 1/3컵
채소주스	200	1 컵
양배추	70	익혀서 2/5컵
양파, 연근	50	
열무, 오이	70	
우엉	25	
죽순, 취(생 것)	70	
치커리, 컬리플라워	70	
케일	70	잎넓이 30㎝ 1장반
콩나물	70	익혀서 2/5컵

(계속)

식품	무게(g)	눈어림치
풋고추	70	中 7~8개
풋마늘	50	
피망	70	中 2개
호박	70	지름 6.5×두께 2.5(㎝)
단호박	40	
깍두기	50	
포기김치	70	

④ 지방군

1교환단위당 영양소 함량. 지방: 5g/ 열량: 45kcal

식품	무게(g)	눈어림치
들기름, 미강유	5	1 작은스푼
옥수수기름	5	1 작은스푼
유채기름	5	1 작은스푼
콩기름, 참기름	5	1 작은스푼
카놀라유	5	1 작은스푼
라아드 ▲, 쇼트닝 ▲	5	1.5 작은스푼
마가린	6	1.5 작은스푼
버터 ▲	6	1.5 작은스푼
땅콩버터	7	
마요네즈	7	1.5 작은스푼
베이컨 ▲	7	1조각
땅콩	10	10개(1큰스푼)
아몬드	8	7개
잣, 참깨	8	1 큰스푼
피스타치오	8	10개
해바라기씨	8	1 큰스푼
호두	8	大 1개

▲: 포화지방이 많이 함유된 식품임

⑤ 우유군

1교환단위당 영양소 함량. 당질: 11g / 단백질: 6g / 열량: 125kcal

식품	무게(g)	눈어림치
우유, 탈지분유+	200	1컵(1팩)
락토우유	200	1컵(1팩)
저지방 우유(2%)	200	1컵(1팩)

식품	무게(g)	눈어림치
두유(무가당)	200	1컵(1팩)
무당연유	100	1/2컵
전지분유, 조제분유	25	5 큰스푼
탈지분유+	25	5 큰스푼

+: 탈지우유나 탈지분유를 사용할 때에는 지방군 1교환단위를 추가할 수 있음.

⑥ 과일군

1교환단위당 영양소 함량. 당질: 12g / 열량: 50kcal

식품	무게(g)	눈어림치
단감	80	中 1/2개
연시	80	小 1개
귤	100	中 1개
금귤	60	7개
오렌지	100	大 1/2개
자몽	150	中 1/2개
대추(말린 것)	20	8개
대추(생 것)	60	8개
딸기	150	10개
멜 론(머스크)	120	
바나나	60	中 1/2개
배	100	中 1/4개
복숭아(황도)	150	中 1/2개
복숭아(천도)	200	小 2개
살구	150	
사과(후지)	100	中 1/3개
수박	250	大 1쪽
앵두	120	
자두	80	大 1개
참외	120	小 1/2개
키위	100	大 1개
토마토	250	大 1개
체리 토마토	250	中 20개
파인애플	100	
파파야	100	
포도	100	19개
포도(거봉)	100	11개
사과주스	100	1/2컵
오렌지주스(무가당)	100	1/2컵
파인애플주스	100	1/2컵
토마토주스	200	1컵

4) 열량에 따른 식품군별 교환 단위 수

칼로리	곡류군	어육류군	채소군	지방군	우유군	과일군
1,000	4	3	6	2	1	1
1,100	5	3	6	2	1	1
1,200	5	4	6	3	1	1
1,300	6	4	6	3	1	1
1,400	7	4	6	3	1	1
1,500	7	5	6	3	1	2
1,600	8	5	6	3	1	2
1,700	8	5	6	3	2	2
1,800	8	5	7	4	2	2
1,900	9	5	7	4	2	2
2,000	10	5	7	4	2	2
2,100	10	6	7	4	2	2
2,200	11	6	7	4	2	2
2,300	12	6	7	4	2	2
2,400	12	7	7	5	2	2
2,500	13	7	7	5	2	2

어육류군은 중성지방을 기준으로 계산 하였음.

5) 하루에 필요한 연령별,성별 식품군별 교환단위수

연령 성별	식품군	열량 (Kcal)	곡류군		어육류군	채소군	과일군	우유군	지방군
			저지방	중지방					
1~3	남여	1,200	6	1	2	2	1	2	1
4~6	남여	1,600	8	1	3	3	1	2	3
7~9	남여	1,800	10	2	3	3	1	2	3
10~12	남	2,200	11	2	4	4	2	2	6
	여	2,000	11	2	3	4	2	2	4
13~15	남	2,500	13	3	5	4	2	2	6
	여	2,100	11	2	3	4	2	2	5
16~19	남	2,700	14	4	5	4	2	2	7
	여	2,100	12	2	3	4	2	2	4
20~29	남	2,500	13	4	4	4	2	2	6
	여	2,000	11	2	3	4	2	2	4
30~49	남	2,500	13	4	4	4	2	2	6
	여	2,000	11	2	3	4	2	2	4
50~64	남	2,300	12	4	3	4	2	2	5
	여	1,900	10	2	3	4	2	2	4
65~74	남	2,000	11	2	3	4	2	2	4
	여	1,700	9	1	3	3	2	2	3
75 이상	남	1,800	9	2	3	4	2	2	4
	여	1,600	9	1	3	3	2	1	3
임신전반기		+150	11	3	3	4	3	2	5
임신후반기		+350	12	4	3	4	3	2	6
수유기		+500	13	4	3	5	3	2	6

6) 자유롭게 먹을 수 있는 식품

음료수	홍차, 녹차, 다이어트 콜라, 다이어트 사이다
채소	푸른잎 채소류(배추, 상추, 양상추, 오이 등) 해조류(김, 미역, 다시마, 우무, 한천등)
기타	기름기 없는 맑은 육수, 맑은 채소국, 곤약

7) 주의해야 할 식품

설탕류, 단쿠키, 파이류, 케이크, 쵸코렛, 시럽류, 젤리, 양갱, 가당 요구르트, 약과등 그외 주류도 열량이 많으므로 피한다.

8) 식품교환표를 이용한 식단 작성 실제(개인이 대상인 경우)

예) 권장섭취량이 2500kcal 단백질 70g일 경우

(2005년 제정에 의하면 단백질 권장섭취량은 남자 20~29세일 때 55g, 여자는 45g으로 낮으나 여기서는 편의상 70g으로 함)

⊙ 단백질 권장량 70g은 총 열량의 11%에 해당 된다.

$70g \times 4\ kcal = 280kcal$

$2500 : 100 = 280 : x$

$x = 11.2(\%)$

⊙ 지방을 20%로 할 경우

$2500kcal \times 0.2 = 500(kcal)$

$500 \div 9kcal = 55.5$

$\fallingdotseq 56g$

⊙ 위의 지방과 단백질 배분에 의하여 탄수화물은 69%가 되므로

$2500kcal \times 0.69 = 1725kcal$

$1725 \div 4kcal \fallingdotseq 431$

따라서 목표 권장량은 아래와 같다.

열량	2500kcal	단백질	70g
탄수화물	431g	지방	56g

① 먼저 우유, 과일, 채소군의 교환수를 임으로 정한다.

예를들어 우우 1교환, 과일 2교환, 채소 6교환으로 정하였다면, 우유 1교환(당질 11g, 단백질 6g, 지방 6g), 과일 2교환(당질 12g×2=24g, 단백질 0 g,지방 0 g), 채소 6교환(당질 13g×6=18g, 단백질 2g×6=12g. 지방 0g)이 된다.

② 곡류의 사용량을 결정하기 위하여 우유, 채소, 과일군의 당질 함량을 전부 합한 다음에 합산된 수치를 결정된 총 목표량에서 뺀다. 이렇게 해서 산출한 값을 곡류 1교환 단위의 탄수화물량인 23으로 나눈다.

계산 ⇒ 11(우유)+24(과일)+18(채소)=53g
총탄수화물 목표량 431(g)−53=378(g)
378÷23=16.4
≒ 16.5교환

계산된 16.5 교환 단위는 379g이 되며 이는 목표량 378g보다+1g가 초과되었다.

③ 어육류의 교환 단위를 결정하기 위하여 우유, 채소, 과일, 곡류의 단백질 함량을 전부 합한 값을 목표 총 단백질량에서 뺀 후 이 값을 어육류의 1교환 단위의 단백질량인 8로 나누면 육류의 교환 단위수가 나온다.

계산 ⇒ 6(우유)+0(과일)+12(채소)+33(곡류)=51g
총단백질 목표량 70(g)−51=19(g)
19÷8=2.4
≒ 2.5교환

결정된 2.5 교환 단위를 다시 저지방, 중지방, 고지방군으로 배분한다. 이는 식단 작성자의 임으로 정할 수 있다. 여기서는 저지방 1교환, 중지방 1교한, 고지방 0.5교환으로 정한다.

④ 지방의 교환 단위수를 결정하기 위해 우유, 어육류, 지방량을 합한 다음 지방 목표량에서 뺀후 지방 1교환 단위의 지방 함량인 5로 나누면 지방의 교환 단위수가 나온다.

계산 ⇒ 6(우유)+0(과일)+0(채소)+(2+5+4)(어육류)=17g

총지방 목표량 56(g)−17=39(g)

39÷5=7.8

≒ 7.5교환

⑤ 모든군의 열량을 전부 합산한다.

125(우유)+100(과일)+120(채소)+1650(곡류)+(50+75+50)(어육류)+337(지방)=2507kcal

열량은 목표량 보다 7kcal 초과되었다.

⑥ 이와 같이 1일 총 식품 교환 단위수가 결정되면 배분한다.

식품군		아침	점심	저녁	간식	합계
우유		1				1
채소		2	2	2		6
과일			1	1		2
곡류		5	6	5.5		16.5
어육류	저지방	1				2.5
	중지방		1			
	고지방			0.5		
지방		3	2	2.5		7.5

⑦ 3식의 교환 단위수가 배분 되었으면 이 배분표에 의하여 기호나, 계절, 조리원의 능력, 식단가등을 고려하여 식단을 작성한다.

9) 외식의 식품 교환

음식명	식품교환수							열량
	곡류군	어육류군			채소군	지방군	과일군	
		저지방	중지방	고지방				
갈비탕	0.5		1	1.5				280
김치찌개			1.5		2			150
된장찌개				1	0.5			110
삼계탕	1		8					700
순두부 찌개			3		0.5	1		280
물냉면	3.5		1		1			450
자장면	4			0.5	2	4		670
짬뽕	3.5	1			2	2		540
볶음밥	3.5		1.5		1.5	5		730
피자 regular	5.5		2	3.5	1	2		1160
피자 large	11		4	7	2	4		2300
스파게티	3		1		3	2.5	1	580

10) 식품 교환표를 이용하여 1일 권장섭취량 2000kcal 단백질 55g의 식단을 작성해 보자.

3. 식사 구성안을 이용한 식단 작성

식사 구성안이 잘 활용 되도록 하기 위해서

① 식품을 6군으로 분류하고(2005년 한국영양학회 제정)

② 각 식품군의 식품들 중 한국인이 많이 섭취하는 대표적 식품을 중심으로 1인 1회 분량을 정하고

③ 생애주기 및 성별에 따라서 하루에 섭취해야 할 횟수를 제시하였다.

(1) 식품의 분류

① 곡류 및 전분류

② 고기, 생선, 계란, 콩류

③ 채소류

④ 과일류

⑤ 우유 및 유제품

⑥ 유지, 견과 및 당류

(2) 식사구성안 영양목표

식사구성안의 영양목표는 새로이 제정된 영양섭취기준(2005년)에 준한다.

〈표 4-1〉 식사구성안 영양목표 (2005년 한국영양학회 제정)

식품 구성성분	목표	
적절한 섭취	에너지	100% 평균필요량
	단백질	100% 권장섭취량 총에너지의 15% 정도 공급
	비타민	100% 권장섭취량 또는 충분섭취량 상한섭취량 미만
섭취의 절제	무기질	100% 권장섭취량 또는 충분섭취량 상한섭취량 미만
	식이섬유	100% 충분섭취량
	지방	총에너지의 20~25% 정도 공급
	소금	5g 이하
	설탕	되도록 적게

(3) 식품군별 대표 식품의 1인 1회 분량

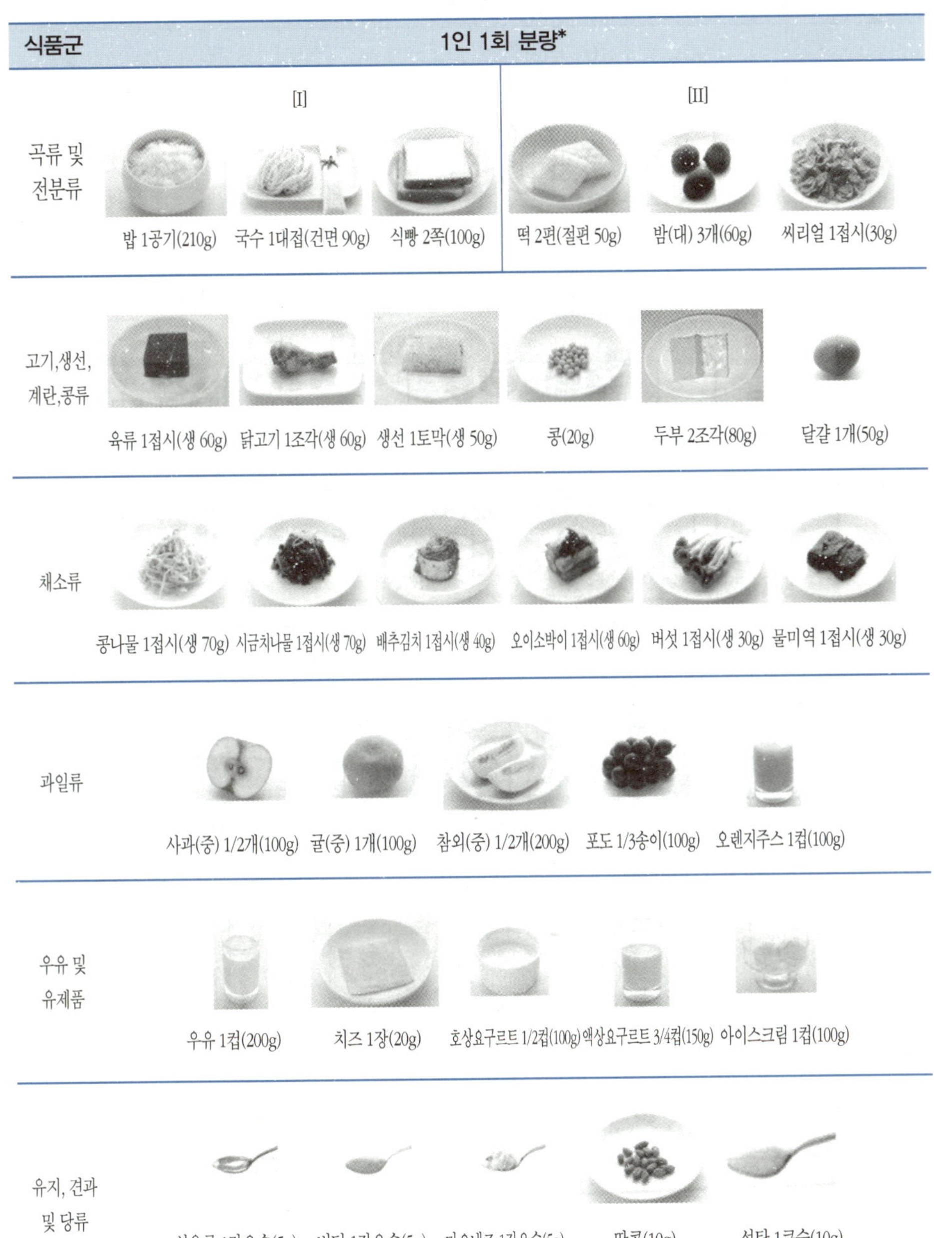

식품군	1인 1회 분량*					
	[I]			[II]		
곡류 및 전분류	밥 1공기(210g)	국수 1대접(건면 90g)	식빵 2쪽(100g)	떡 2편(절편 50g)	밤(대) 3개(60g)	씨리얼 1접시(30g)
고기,생선, 계란,콩류	육류 1접시(생 60g)	닭고기 1조각(생 60g)	생선 1토막(생 50g)	콩(20g)	두부 2조각(80g)	달걀 1개(50g)
채소류	콩나물 1접시(생 70g)	시금치나물 1접시(생 70g)	배추김치 1접시(생 40g)	오이소박이 1접시(생 60g)	버섯 1접시(생 30g)	물미역 1접시(생 30g)
과일류	사과(중) 1/2개(100g)	귤(중) 1개(100g)	참외(중) 1/2개(200g)	포도 1/3송이(100g)	오렌지주스 1컵(100g)	
우유 및 유제품	우유 1컵(200g)	치즈 1장(20g)	호상요구르트 1/2컵(100g)	액상요구르트 3/4컵(150g)	아이스크림 1컵(100g)	
유지, 견과 및 당류	식용류 1작은술(5g)	버터 1작은술(5g)	마요네즈 1작은술(5g)	땅콩(10g)	설탕 1큰술(10g)	

① 곡류 및 전분류의 주요 식품과 1인 1회 분량

	품목	식품명	분량(g)1)	비고
곡류 및 전분류 I (300 kcal)	곡류	쌀, 보리쌀 쌀밥, 보리밥	90 210	 1공기
	면류	삶은면 - 자장면, 칼국수용 건면 - 국수용 냉면국수, 메밀국수	300 100 100	1대접
	떡류	흰떡 - 떡국용	130	
	빵류	식빵	100	큰것 2쪽
곡류 및 전분류 II* (100 kcal)	씨리얼류	콘푸레이크 등	30	
	감자류	감자 고구마	130 90	중 1개 중 1/2개
	면류	당면	30	
	묵류	메밀묵	150	
	견과류	밤	60	큰 것 3개
	떡류	절편	50	

* 곡류 및 전분류 II는 I과 다르므로 식단 작성 시 감안할 것. 1) 분량(g) : 가식부 무게임

② 고기, 생선, 계란, 콩류의 주요 식품과 1인 1회 분량

	품목	식품명	분량(g)1)	비고
고기, 생선, 계란, 콩류 (80kcal)	육류	쇠고기2) 돼지고기3) 닭고기 햄	60 60 60 60	
	어패류	갈치, 삼치, 꽁치, 고등어 동태, 가자미, 조기, 넙치 참치, 참치통조림, 어묵 오징어, 낙지, 새우 미꾸라지, 민물장어 생굴, 조갯살, 꽃게 건멸치, 건조기, 건오징어	50 80 15	작은것 한토막
	난류	계란, 메추리알	50	중 1개
	콩류	검정콩, 대두 두부 두유	20 80 200	

1) 분량(g) : 가식부 조리 전 무게임 2) 한우등심(살코기 기준) 3) 한돈(살코기 기준)

③ 채소류의 주요 식품과 1인 1회 분량

	품목	식품명	분량(g)1)	비고
채소류 (15kcal)	채소류	고구마줄기, 고사리, 시금치, 풋고추, 근대, 깻잎, 무청, 부추 들미나리, 배추, 상추. 시금치 쑥갓, 아욱, 취나물, 애호박 오이, 콩나물, 숙주나물 무, 배추, 양배추, 양파 가지, 당근, 늙은호박, 토마토	70	1접시
		나박김치, 오이소박이	60	
		갓김치, 깍두기, 배추김치, 열무김치	40	
		우엉, 도라지, 파, 파김치	25	
		마늘	10	
		토마토주스	100	
	해조류	다시마, 미역, 파래(생것)	30	
		김	2	1장
	버섯류	느타리, 양송이, 팽이, 표고(생것)	30	

1) 분량(g) : 가식부 조리 전 무게임

④ 과일류의 주요 식품과 1인 1회 분량

	품목	식품명	분량(g)1)	비고
과일류 (50kcal)	과일류	딸기, 수박, 참외	200	딸기 10개
		감, 귤, 바나나, 배, 사과 복숭아, 오렌지, 포도	100	귤 중 1개 사과 중 1/2개
	주스류	오렌지주스	200	1컵

1) 분량(g) : 가식부 무게임

⑤ 우유 및 유제품의 주요 식품과 1인 1회 분량

	품목	식품명	분량(g)	비고
우유 및 유제품 (125kcal)	우유	우유	200	1컵
	유제품	치즈	20	1장
		요구르트(호상)	110	1/2컵
		야쿠르트(액상)	150	3/4컵
		아이스크림	100	1/2컵

⑥ 유지, 견과 및 당류의 주요 식품과 1인 1회 분량

	품목	식품명	분량(g)1)	비고
유지, 견과 및 당류 (45kcal)	유지류	버터, 마요네즈 옥수수기름 참기름, 콩기름, 들기름 커피프림 깨, 깨소금	5 8	1작은술
	견과류	땅콩	10	
	당류	꿀, 설탕, 당밀/시럽, 사탕	10	

4. PC를 이용한 식단 작성

컴퓨터를 이용하는 식단 작성은 여러 가지 software가 보급되어 있는데 학교 급식에서 이용되고 있는 식단 작성 software와 식단 평가를 함께 할 수 있는 can-pro의 개요를 소개하면 다음과 같다.

1) PC를 이용한 학교 급식의 식단 작성 예

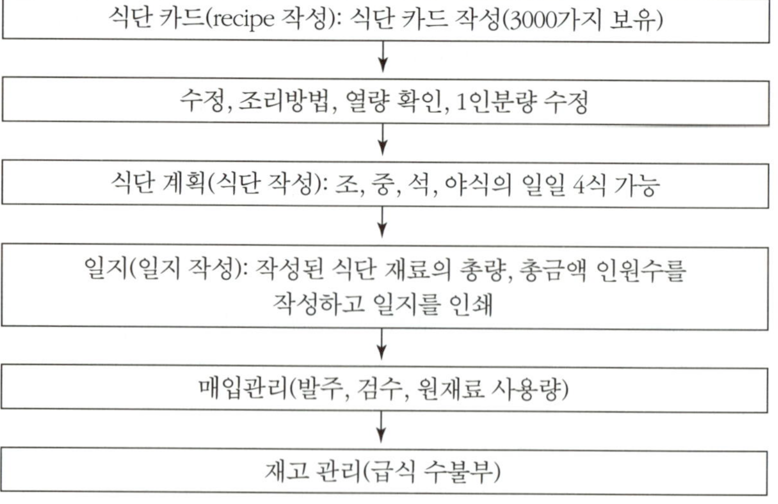

분석표(성분 분석): 각 재료들의 영양량이 raw data로 포함되어있음.

5. 생애 주기별 식단 작성

1) 영아기

출생 후 2주부터 만 1세 까지를 말하며 일생 중 가장 성장이 왕성한 시기이다.

단백질과 당질 요구량이 많은데 초기에는 모유를 통하여 영아에 필요한 단백질, 지방, 당질을 공급하여야 한다.

① 식사원칙

영아의 최고의 음식은 모유이다.

모유는 영아의 성장에 필요한 영양성분과 면역력을 가지고 있어서 질병으로부터 영아를 보호하여 주고 특히 소화기에 질병과 호흡기계 질병을 낮추는 효과가 있다.

생후 5~6개월이 되면 이유식을 하는데 성장에 필요한 아연과 철분공급을 위해 말린 과일, 견과류, 콩류와 육류, 치즈와 유제품, 달걀 곡류 등을 섭취하도록 하고 칼슘급원으로 우유를 하루 2컵 정도 마시도록 권장한다.

우유 알레르기가 있는 아이에게는 칼슘강화 두유를 권장한다.

2) 유아기

만 1세부터 만 6세까지를 말하며 유아기 동안 체중은 연간 약 1.8~2.7kg 씩 증가하고 신장은 1~7세 사이에 약 7.6 cm 증가 한다.

이 시기는 연령보다는 신체의 크기와 활동량에 따라 영양 요구량을 결정하는 것이 바람직하다.

① 식사원칙

성장발육을 위해 성인보다 많은 양의 단백질이 필요하면 유아기때부터 체내보유율이 감소하므로 칼슘의 섭취량을 늘리고 생후4~24개월의 유아에게 철분결핍증이 빈번히 일어나므로 철분의 섭취량을 늘려준다.

정규 식사 시간 이외에 간식이 필요하며 유아초기에는 오전 10시에 한번 유아 후기에는 오전 10시와 오후 3시에 두 번 준다. 채소를 먼저 이유식으로 주며 녹황색채소등을 이용하여 익혀서 주는 것이 좋다.

식사시간은 4시간 간격으로 주고 공복시에는 이유식을 먼저주고 모유나 우유를 보충하는 것이 바람직하다.

또한 간식이 필요하며 간식시간은 유아초기에는 오전 10시에 한번,유아후기에는 오전 10시와 오후 3시에 두 번 주는 것이 좋다.

다양한 음식을 맛볼수 있도록하여 편식이 생기지 않도록 하여야 한다.

3) 초등학교

학령기 또는 학동기라고 하며 비교적 완만한 성장을 하지만 유전적 요인에 따라 성장 능력은 다르다.

식습관이 형성되는 중요한 시기이므로 음식을 골고루 먹도록 지도한다.

충치 예방을 위해 사탕등 단 식품은 피하고 신선한 과일과 채소를 섭취하도록 지도한다.

(1) 저 학년식(7~9세)

- 필요한 열량의 15%는 단백질에서 섭취하고 이중 $\frac{2}{3}$는 동물성 단백질에서 섭취하도록 한다.
- 성장 발육에 도움이 되는 칼슘섭취를 많이 하도록 한다.
- 충치가 많이 생길수 있으므로 설탕섭취를 줄이고 칼슘과 불소의 섭취가 요구된다.

(2) 고 학년식(10~12세)

- 지능의 발달과 정신 발육이 형성되는 시기이므로 양질의 단백질 식품을 섭취 하도록 한다.
- 여학생의 경우 생리 적인 변화에 따른 철분 공급에 유의 한다.

4) 중 · 고등학생

만 13~18세의 남 · 여를 말하며 성호르몬의 증가로 2차 성징이 나타나고 생식기능을 갖게 되는 사춘기로써 심리적, 신체적인 변화가 나타나는 시기이다.

① 식사 원칙

- 고등학생이 되면 육체적 성장이 90% 완료되는 시기이므로 체조직 형성과 체기능 조절을 위하여 적절한 단백질과 우유와 유제품, 녹황색의 채소를 많이 섭취 하도록 한다.
- 여학생의 경우 체중과 체형에 신경을 쓰는 시기이므로 무모한 감식, 결식으로 빈혈, 영양부족이 나타나지 않도록 유의한다.
- 두뇌 활동에 도움을 주는 식품 DHA, EPA가 많이 함유된 식품인 어유, 들깨, 참기름 등을 먹는 것이 좋다.
- 시력보호와 면역력을 강화하기위해 충분한 비타민A의 섭취가 필요하며 철분과 엽산의 섭취도 중요하다.

5) 성인

성장은 20대 중반에 끝나게 되고 사회 활동이 가장 왕성한 시기로 건강에 신경을 많이 써야 하는 시기이기도 하다.

60세가 되면 20대에 비해 근력이 10% 정도 손실 되고 근육량과 소화기능 등이 감소하여 노화 현상이 나타난다.

① 식사 원칙

- 과다한 지방 섭취는 피하고 녹황색 채소와 과일을 섭취 하도록 한다.
- 50대 이후의 여성은 골다공증을 예방하기 위해 칼슘 식품인 우유와 유제품의 섭취에 신경 쓰도록 한다.
- 음주, 흡연, 스트레스로 인해 부족되기 쉬운 영양소인 비타민 C와 비타민 E, 비타민 A의 섭취에 유의 한다.

• 섬유소가 많은 식품이나 강화된 곡류를 섭취하여 성인병 예방과 변비에 대처하도록한다.

6) 노인

65세 이후의 남 · 여를 말하며 근육량은 나이가 들어감에 따라 감소하고 기초 대사량도 감소하여 쉽게 비만으로 될 수 있다.

또 미각이 둔화되고 위장 기능이 약화 되므로 소화가 쉬운 음식을 섭취 하도록 한다.

① 식사 원칙

• 과식하지 말고 식사를 여러번 나누어 섭취 하도록 한다.
• 소화가 잘되는 부드러운 음식을 선택하고, 육류보다는 생선류와 두부, 닭고기 등을 섭취하도록 한다.
• 강한 향신료는 피하고, 짜고 매운 음식도 자제하도록 한다.
• 하루 8컵 이상의 물을 마시도록 한다.
• 혈액의 산소운반능력이 저하되어 조직에 산소가 부족할 수 있으므로 철분이 많은 식품을 섭취하도록 한다.

7) 임산부

기초 대사율이 임신 4개월부터 약 20% 증가 하고 태아의 성장 발육에 필요한 영양소를 공급하기 위해 평소 보다 더 많은 에너지 섭취가 요구된다.

① 식사원칙

• 철분과 칼슘 섭취가 필요하고 태아의 발육을 위해 질적으로 우수한 단백질 식품을 섭취 하도록 한다.
• 음식은 소화 흡수가 잘되고 영양 효율이 좋은 것을 선택한다.
• 단백질 식품으로 우유, 생선, 달걀, 콩류, 육류 등을 섭취하도록 한다.

- 자극성인 식품과 향신료는 되도록 피한다.
- 철분의 급원으로 간,육류,달걀,도정하지않은 곡류나 빵류,견과류 등을 많이 섭취하도록한다.

8) 수유부

빠른 산후 회복과 유즙 분비를 위해 충분한 영양을 보급 섭취하도록 한다. 분만시 출혈로 인한 철분 보충과 유즙분비를 위한 수분 섭취를 하도록 한다.

① 식사원칙

- 자극성이 적은 식품과 소화 흡수가 잘되는 식품을 선택한다.
- 변비 예방을 위해 섬유소가 풍부한 음식을 섭취하도록 한다.
- 모유에 부족한 비타민 C의 섭취에 신경을 쓴다.
- 짜고 매운음식은 피하고 진한 커피도 피하는 것이 좋다.

식사 평가

식단을 평가 하는 것은 앞으로의 식생활 계획을 합리적으로 이끌어 가기 위한 과정이므로 매우 중요하다.

식단의 평가는 단점을 보완하고 앞으로 보다 나은 식단 작성을 위한 필수과정이다.

일반적으로 다음과 같은 점들을 평가한다.

1. 식단이 영양공급을 위해 적절했는지를 평가한다.
   즉, 여섯가지 기초 식품군이 골고루 들어갔는지 여부와 재료가 중복이 되지 않았는지를 평가한다. 2005년 한국영양학회가 새로 정한 바에 의하면 기존의 다섯가지 식품군에서 여섯가지 식품군으로 분류하였다.
   ① 곡류 및 전분류
   ② 고기, 생선, 계란, 콩류
   ③ 채소류
   ④ 과일류
   ⑤ 우유 및 유제품
   ⑥ 유지, 견과 및 당류
2. 조리법이 중복되지는 않았는지를 평가한다.
   같은 조리법이 중복되지는 않았는지, 색상과 풍미, 질감 등은 조화가 잘 이루어졌는지 등을 평가한다.
3. 식사 대상자의 기호에 맞았는지를 평가한다.
   음식의 맛, 냄새, 온도, 외관, 식탁 분위기 등을 검토한다.
4. 조리시간이 적절하였는지를 평가한다.
5. 식비예산과 잘 맞았는지를 평가한다.

예산에 맞는 식품 구입 방법, 시장선택, 식품의 폐기율 처리 등을 평가한다.

기타 식생활 자가 진단을 통해 식습관에 대한 평가를 하는것도 식생활을 개선하는 좋은 방법이다.

1. 영양면

(1) 식품 배합

① 하나의 식품에 모든 영양소가 함유하기는 어려우므로 식품을 배합할때는 여섯가지 식품군에 함유되어 있는 식품을 식단 작성에 골고루 포함하였는지를 평가한다.

② 1일 총 열량의 60~65%를 당질에서 15~20%를 단백질에서 20%를 지방에서 섭취하도록 식단 작성을 하였는지 평가한다.

③ 영양뿐만 아니라 색, 맛과 텍스쳐가 적절히 배합되었는지를 검토한다.

④ 실제 식생활에서 과일과 채소의 용도가 다르므로 구분하여 평가한다.

(2) 식습관 및 식생활 평가

각 끼니에 먹은 식품을 점수화하여 끼니별 합을 구하여 식사 균형도를 알아보거나 여섯가지 식품군에 속해있는 식품을 조사해 봄으로써 식사형태를 평가한다.

(3) 적절한 양

식품을 섭취하는데 있어서 적당한 양의 개념은 매우 중요한데 하루에 섭취하는 양이 적절히 유지되었는지를 (표 5-1)과 같은 기준에서 영양섭취기준을 평가한다.

〈표 5-1〉 개인과 집단의 식사섭취평가에 대한 영양섭취기준의 사용

(2005년 한국영양학회 제정)

	개인	집단
평균필요량	일상섭취량이 부적절할 확률을 조사하는데 사용	집단 내에서 부적절한 섭취비율을 추정하는데 사용
권장섭취량	일상섭취량이 권장섭취량을 넘거나 그 정도면 부적절의 확률은 낮음	집단의 섭취를 평가하는데 사용하지 않음
충분섭취량	일상섭취량이 충분섭취량을 넘거나 그 정도면 부적절할 확률이 낮음	일상섭취량의 평균이 이 수준이면 부적절한 섭취율이 낮은 것을 의미함
상한섭취량	일상섭취량이 상한섭취량보다 높으면 과잉섭취로 인한 건강위해증상이 일어날 수 있음	인구집단의 영양과잉으로 인한 건강위해증상에 처할 위험에 있는 비율을 추정하는데 사용

2. 경제면

식생활비는 수입과 가족수에 따라 달라질 수 있는데 예정된 예산을 초과하였는지를 검토하고 그 원인을 분석해 본다.

식품 구입시 불 필요한 식품을 구입하였는지, 구입 가격을 잘못 책정하였는지 또는 식품 저장 방법의 잘못에 의한 폐기 등이 있었는지를 살펴 본다.

식품비 지출에서 계획보다 사용된 식품비가 많을 경우에는 각 식품군 내에서 가격이 싼 제품을 선택하거나 대치 식품을 활용하는 지혜가 필요하다.

3. 기호면

식사 대상자의 기호를 잘 반영 하였는지 식품을 다양하게 사용하였는지와 음식의 모양과 색, 담은 모양 식탁연출 등을 검토해 본다.

음식을 섭취하는 최종 목표는 영양에 있으나 먹고 싶다는 동기를 일으키는

것은 기호에 있는 것이다. 그러므로 식사대상자가 좋아하는 것, 맛있는 것, 좋은 색과 냄새가 있는 것들을 고려하여 식단 작성이 되었는지를 평가하는 것은 매우 중요하다.

4. 능률면

음식을 준비할 때의 조리 시간과 에너지와 노력 등을 검토해 보고 음식을 선택하는데 반영하도록 한다.

음식을 조리하는데 얼마의 시간을 필요로 하는지, 어느 정도의 조리기술을 필요로 하는지, 또 적절한 조리기기와 기구 및 식품과 조리에 대한 지식과 기술, 능력 등을 평가해 본다.

만약, 식생활 관리자가 시간이나 기술이 부족한 경우에는 미리 조리된 음식을 적절히 이용하거나 부엌을 능률적으로 개선하거나 시간제로 사람을 고용하는 방법도 있다.

좋은 식단 기본 모형

좋은 식단 기본모형을 표로 제시한다.

〈표 6-1〉 좋은 식단 기본모형

음식 유형 구분			포함음식(예)	권장찬수
대분류	중분류	소분류		
탕반류	곰탕류와 밥	곰탕류	곰탕, 갈비탕, 우족탕, 사골탕, 꼬리곰탕, 설렁탕, 양지탕, 삼계탕, 도가니탕, 닭곰탕, 내장탕, 해장국, 오골계탕, 육개장, 양탕, 사골우거지탕	2
	장국류와 밥	맑은 장국류	대구탕, 추어탕, 복어탕, 아구탕, 복어국, 홍어탕, 감자국, 콩나물국	
		토장국류	매운탕, 우거지국 등	
찌개류	찌개류와 밥	고추장찌개류	김치찌개, 낙지찌개, 비지찌개, 생선찌개, 순두부찌개 등	3
		된장찌개류	된장찌개류, 청국장찌개 등	
		새우젓찌개류	두부새우젓찌개 등	
전골류	전골류와 밥	신선로	신선로	3
		각종전골류	곱창전골, 김치전골, 버섯전골, 쇠고기전골, 해물전골, 두부전골, 낙지전골 등	
찜류	찜류와 밥	찜류	갈비찜, 닭찜, 아구찜, 복찜, 홍어찜 등	3
	비빔밥류	비빔밥류	비빔밥, 콩나물밥 등	2
	솥밥류	솥밥류	솥밥 등	
면류	면류	온면류	국수장국, 칼국수, 수제비 등	1
		냉면류, 쟁반류	냉면, 콩국수, 쟁반국수 등	
		비빔면류	막국수, 비빔국수, 비빔냉면 등	
	만두국 떡국류	만두류	만두국, 떡만두국 등	2
		떡국류	떡국 등	

음식 유형 구분			포함음식(예)	권장찬수
대분류	중분류	소분류		
기타류	구이류	쇠고기구이류	너비아니구이(불고기), 등심구이, 갈비구이, 방자구이(소금구이), 내장구이	4
		돼지고기구이류	돼지갈비구이, 멧돼지고기구이 등	
		생선구이류	생선구이	
		기타구이류	대합구이, 더덕구이, 버섯구이 등	
	편육 족편류	쇠고기편육류	양지머리편육, 쇠머리편육 등	3
		돼지고기편육류	삼겹살, 제육보쌈 등	
		기타	우족 등	
백반류	백반류	백반	백반	5
한정식류	한정식류	7첩 반상	한정식	11
		9첩 반상	한정식	13
		12첩 반상	한정식	16

〈표 6-2〉 탕반류

구분	곰탕류와 밥	장국류와 밥	
	(곰탕류)	(맑은장국류)	(토장국류)
음식(예)	곰탕, 갈비탕, 우족탕, 사골탕, 꼬리곰탕, 설렁탕, 양지탕, 삼계탕, 도가니탕, 닭곰탕, 내장탕, 해장국, 오골계탕, 육개장, 양탕, 사골우거지탕 등	대구탕, 추어탕, 복어탕, 아구탕, 북어국, 홍어탕, 감자국, 장국, 콩나물 등	매운탕, 우거지국 등
찬수(2) (그릇)	김치류 1 생채 · 숙채 · 기타 반찬류 중 1		
권장제공 적정량(g)	주식 밥: 220 탕(국): 650 (찬) 김치류: 100 생채 · 숙채 · 기타: 60	주식 밥: 240 탕(국): 400 (찬) 김치류: 60 생채 · 숙채 · 기타: 60	

〈표 6-3〉 찌개류

구분	찌개류와 밥		
	(고추장찌개)	(된장찌개류)	(새우젓찌개류)
음식(예)	김치찌개, 낙지찌개, 비지찌개, 생선찌개, 순두부찌개	된장찌개, 청국장찌개 등	두부새우젓찌개
찬수(3) (그릇)	김치류 1 생채(숙채) 1 볶음 · 조림 · 기타 반찬류 중 1		
권장제공 적정량(g)	주식 밥: 280 찌개: 300 (찬) 김치류: 60 생채 · 숙채: 60 볶음 · 조림 · 기타 반찬류: 20		

〈표 6-4〉 전골류

구분	전골류와 밥	
	(각종 전골류)	(신선로)
음식(예)	곱창전골, 김치전골, 버섯전골, 쇠고기전골, 해물전골, 두부전골, 낙지전골 등	신선로
찬수(3) (그릇)	김치류 1 생채(숙채) 1 볶음 · 조림 · 기타 반찬류 중 1	
권장제공 적정량(g)	주식 밥: 250 찌개: 300 (찬) 김치류: 60 생채 · 숙채: 60 볶음 · 조림 · 기타 반찬류: 20	

〈표 6-5〉 찜류

구분	찜류와 밥 (찜류)
음식(예)	갈비찜, 닭찜, 아구찜, 복찜, 홍어찜 등
찬수(3) (그릇)	김치류 1 생채(숙채) 1 볶음 · 조림 · 기타 반찬류 중 1
권장제공 적정량(g)	주식 밥: 250 찌개: 300 (찬) 김치류: 60 생채 · 숙채: 60 볶음 · 조림 · 기타반찬류: 20

〈표 6-6〉 비빔밥 · 솥밥류

구분	비빔밥류 (비빔밥류)	솥밥류 (솥밥류)
음식(예)	비빕밥 · 콩나물밥 등	솥밥 등
찬수(3) (그릇)	김치류 1 생채(숙채) 1	
권장제공 적정량(g)	주식 비빔밥: 450 (찬) 김치류: 60 생채 · 숙채: 60	밥: 250 계란부침: 50 기타 부재료: 100

〈표 6-7〉 면류

구분	전골류와 밥			만두국 · 떡국류
	(온면류)	(냉면류) (쟁반류)	(비빔면류)	만두국, 떡국류
음식(예)	칼국수, 수제비, 국수장국 등	냉면, 콩국수, 쟁반국수 등	막국수, 비빔국수, 비빔냉면 등	만둣국, 떡만두국, 떡국 등
찬수(2) (그릇)	김치류 1			김치류 1 생채(숙채) 1
권장제공 적정량(g)	주식 온면 · 냉면류: 450 비빔면류: 410 (찬) 김치류: 100			주식 만두 · 떡국류: 550 (찬) 김치류: 60 생채 · 숙채류: 40

〈표 6-8〉 구이류

구분	구이류			
	(쇠고기구이류)	(돼지고기구이류)	(생선구이류)	(기타구이류)
음식(예)	너비아니구이(불고기), 등심구이, 갈비구이, 방자(소금)구이, 내장구이 등	돼지갈비구이, 멧돼지고기구이	생선구이	대합구이, 더덕구이, 버섯구이 등
찬수(4) (그릇)	김치류 2 생채(숙채) 1 기타 반찬류 1			
권장제공 적정량(g)	주식 육 · 어류구이류(조리 전 무게): 20 (찬) 김치류: 60 물김치: 50 생채 · 숙채: 40 기타반찬류: 30			

〈표 6-9〉 편육 · 족편류

구분	편육 · 족편류		
	(쇠고기편육류)	(돼지고기편육류)	(기타)
음식(예)	양지머리편육, 쇠고기 편육 등	삼겹살, 제육보쌈 등	우족 등
찬수(3) (그릇)	김치류 2 생채(숙채) 1 기타반찬류 1		
권장제공 적정량(g)	주식 편육 · 족편류: 200 (찬) 김치류: 60 생채 · 숙채: 40 기타반찬류: 20		

〈표 6-10〉 백반류

구분	백반류
	(백반)
찬수(5) (그릇)	김치류 1 생채류 1
찬수(5) (그릇)	숙채류 1 구이류 1 찜류 1
권장제공 적정량(g)	주식 밥: 200 (찬) 탕(국): 160 김치류: 80 생채류: 50 숙채류: 50 구이류: 50 찜류: 50

〈표 6-11〉 한정식류

구분	전골류와 밥 (7첩반상)
찬수(11) (그릇)	찌개류 1 생채류 1 찜류 1 숙채류 1 김치류 2 볶음 · 조림류 1 전류 1 회류 1 구이류 1 마른반찬 · 장아찌 · 젓갈류 중 1
	(9첩반상)
찬수(13) (그릇)	찌개류 1 생채류 2 찜류 1 숙채류 1 김치류 2 구이류 2 전류 1 회류 1 볶음 · 조림류 1 마른반찬 · 장아찌 · 젓갈류 중 1
	(12첩반상)

권장제공적정량(g) (7첩반상)	권장제공적정량(g) 9첩반상	권장제공적정량(g) (12첩반상)
주식 밥: 200 탕: 130	주식 밥: 200 탕: 130	주식 밥: 200 탕: 130
찬 찌개류: 60 찜류: 30 김치류: 40(20.20) 생채류: 30 숙채류: 20 구이류: 20 조림류: 20 회류: 20 마른반찬류 짱아지: 10~20 젓갈류	찬 찌개류: 60 찜류: 30 김치류: 40(20.20) 생채류: 40(20.20) 숙채류: 20 구이류: 40: (20.20) 조림류: 20 전류: 20 회류: 20 마른반찬류 짱아지: 10~20 젓갈류	찬 찌개류: 60 찜류: 30 김치류: 40(20.20) 생채류: 30(15.15) 구이류: 40(20.20) 전류: 30(15.15) 회류: 30(15.15) 볶음 · 조림류: 20 마른반찬류 짱아지: 10~20 젓갈류

주방관리

1. 주방의 개념

주방이란 여러 식재료를 이용하여 음식을 조리하는 공간으로 조리에 필요한 각종 기기, 설비, 저장시설이 갖추어져 있어 조리사가 효율적으로 조리를 수행할 수 있도록 하는 장소이다. 따라서 주방은 식재료의 구매, 조리 및 판매가 동시에 일어나는 장소임과 동시에 장시간 조리사를 통해 조리가 이루어지는 곳으로 효율적이고 위생적인 처리가 반드시 고려되어야 한다.

The Cooks Dictionary에 주방의 의미를 살펴보면 "The room or area containing the cooking facilities, also denoting the general area where food prepared." 라고 기록하고 있는데, 주방이란 "음식을 조리할 수 있는 시설을 차려 놓은 일정한 장소나 음식물을 조리하기 편리하도록 갖추어 놓은 방"이라고 정의할 수 있다. 따라서 주방에는 조리책임자를 중심으로 객관적인 자격을 갖춘 조리사가 조리되어질 음식의 양과 제공 되어질 식용 가능한 식재료를 조리기구나 장비를 이용하여 조리하여 음식이 제공되는 장소이다.

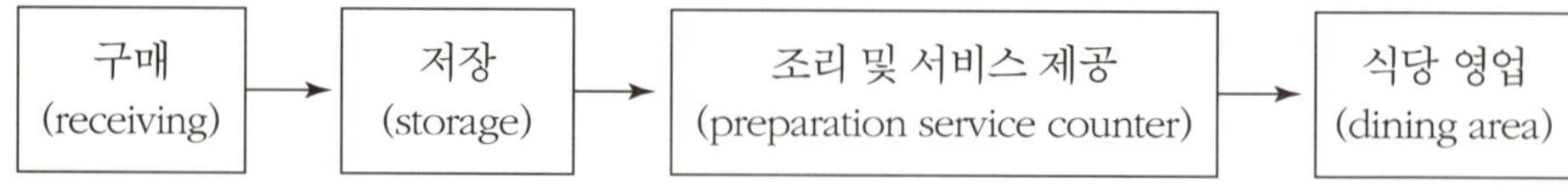

2. 주방의 기본 구성

주방 관리를 위한 기본 형태는 구매, 저장, 조리 및 서비스 제공이 이루어진다. 따라서 주방은 조리작업대와 주방시설의 구조가 조리사의 동선을 충분히 고려하여 구성되어져야 하고 이를 바탕으로 위생적이고 효율적인 주방구조를 갖추어야 한다. 주방관리의 목적은 조리사의 직무분담에 따른 효율적인 조리활동과 식재료의 구매 및 관리를 통한 주방시설, 기기와 기물을 효과적으로 이용할 수 있도록 하는데 있다.

3. 주방의 형태 및 공간배치

1) 주방의 형태

주방의 형태는 고객에게 제공되는 메뉴에 따라 다르기 때문에 한식, 양식, 일식, 중식 등 음식의 수량, 서비스 형태, 음식의 가격, 서비스 시간에 따라 다르게 나타난다.

(1) 전통형 주방

구매된 식재료를 조리전의 식재료를 준비하는 과정과 음식을 마무리하는 내용이 동일한 장소에서 이루어지는 주방의 형태이다.

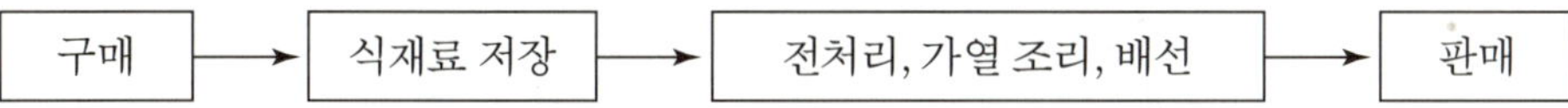

(2) 혼합형 주방

조리에 있어서 준비와 마무리 내용이 동일한 장소에서 이루어지지만 각각의 메뉴에 따라 구획이 분리되어 있는 주방의 형태이다.

(3) 분리형 주방

조리업무에 준비내용과 마무리 내용이 상호간에 공간적으로 분리되어 운영되는 주방의 형태이다.

구매 → 식재료 저장 → 1차 가열 조리 → 2차 가열조리 → 배선 → 판매

(4) 편의형 주방

가공된 식재료를 이용하기 때문에 준비 조리업무는 하지 않으며 오직 마무리만 하는 주방의 형태이다.

구매 → 식재료 저장 → 가열조리, 배선 → 판매

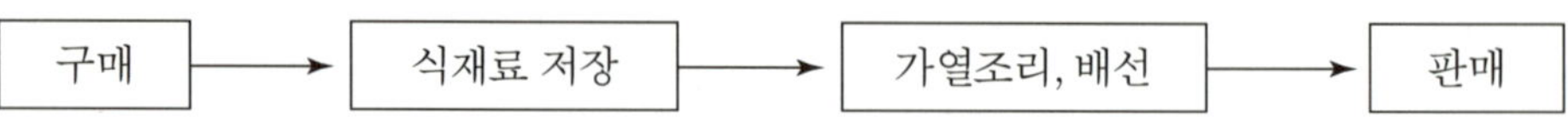

[그림 7-1] 결합된 메인과 업장 주방

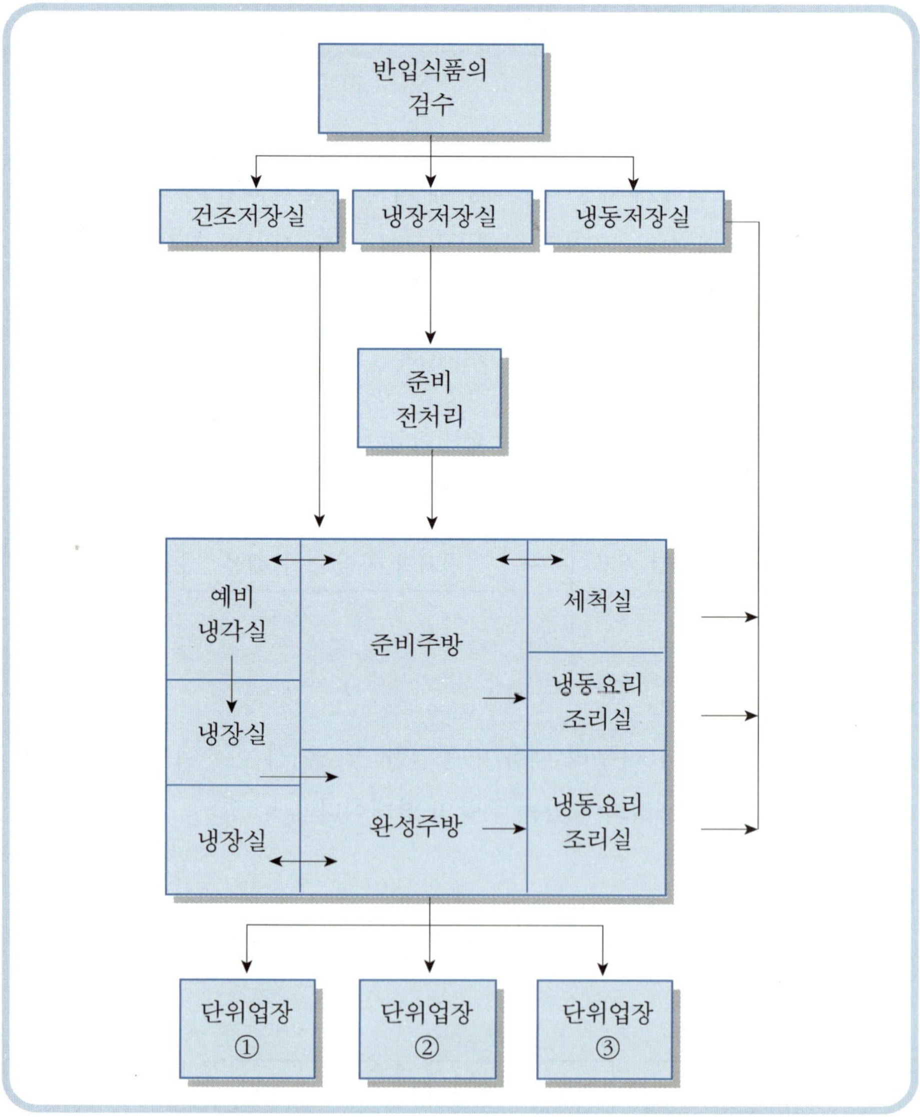

반입식품의 검수
건조저장실
냉장저장실
냉동저장실
준비 전처리
예비 냉각실
냉장실
냉장실
준비주방
완성주방
세척실
냉동요리 조리실
냉동요리 조리실
단위업장 ①
단위업장 ②
단위업장 ③

[그림 7-2] 분리된 메인과 업장 주방

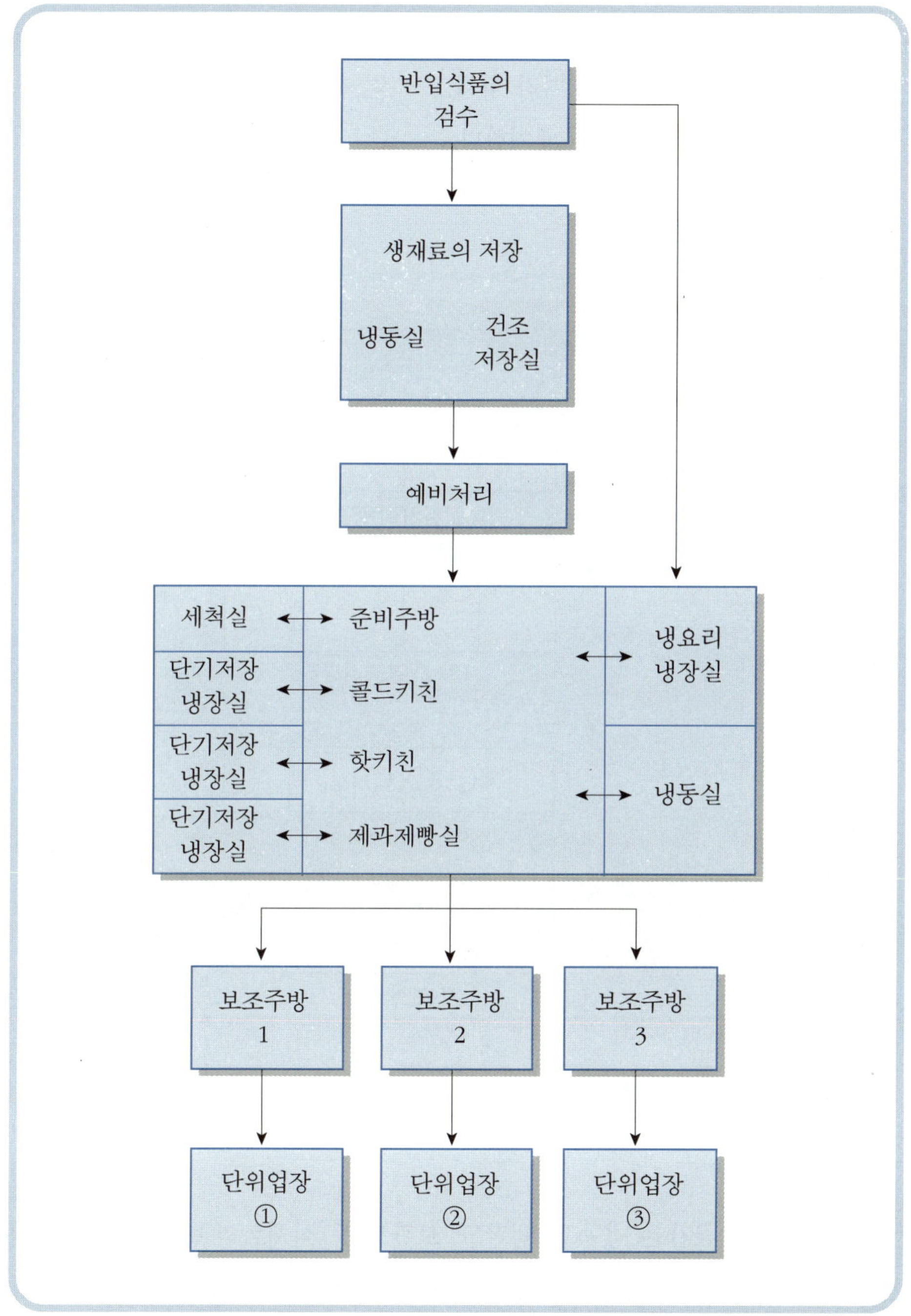

2) 주방의 공간 및 배치

(1) 주방의 공간

주방의 식재료의 이동순서에 따라 식재료 저장, 전철, 1차, 2차 가열조리, 배선, 세척, 소독공간으로 구분하여 배치한다.

[그림 7-3] 주방공간

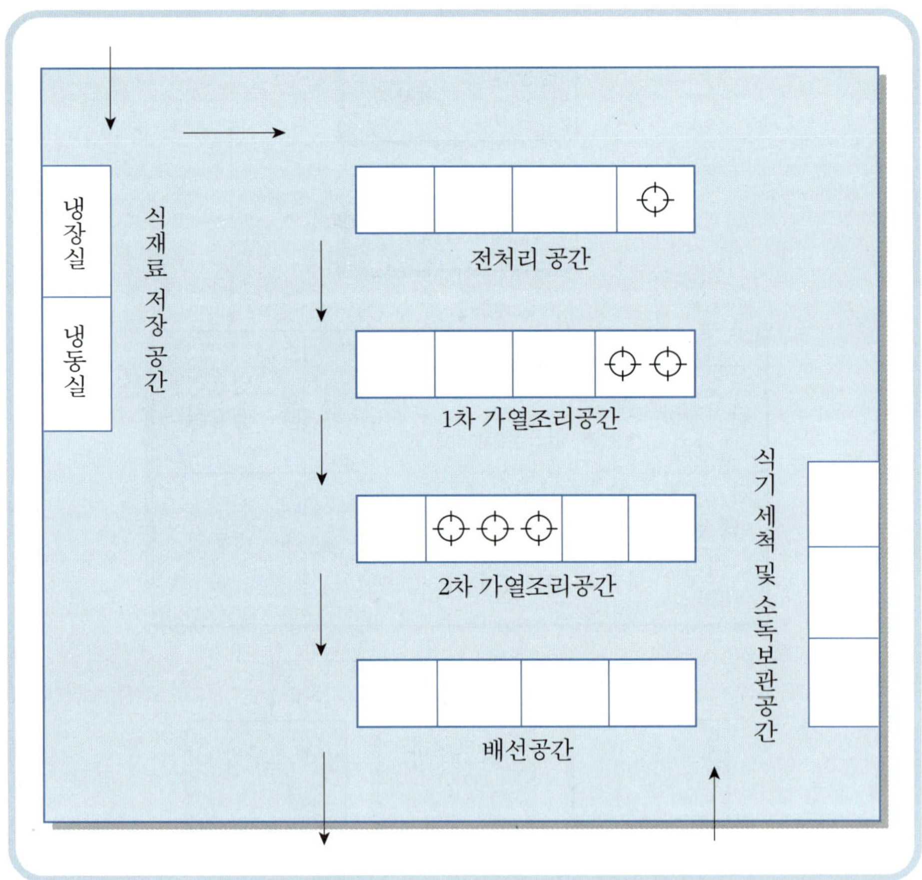

식재료 저장공간은 냉동고, 냉장고, 보관고 등 식재료의 반입에 따라 저장공간이 이루어져 냉장냉동고, 보관선반 등이 배치되어져야 한다.

전처리 공간은 식재료를 가열조리하기 전 식재료를 저장하고 세정 및 다듬는 과정에서 이루어지는 공간으로 작업대, 냉장 테이블, 육절기, 혼합기, 분쇄기, 블렌더 등이 배치되어져야 한다.

1차, 2차 가열조리공간에는 stock, soup, sauce등은 1차 가열조리공간에서 조리되어지고, 2차 가열조리공간은 최종 요리가 나오는 조리가 이루어지며 가열조리기기 위쪽에는 배기후드(hood)나 환풍기(fan)의 시설이 되어 음식에 연기, 악취 등이 혼입되지 않도록 한다.

배선 공간은 완성된 음식을 주방에서 홀로 이동하기 전 마무리하는 공간으로 찬 음식과 뜨거운 음식을 나누어 배선하여야 한다.

찬 음식을 조리하는 배선대는 서랍형 냉장 테이블, 냉장테이블, 보냉장고, 세정대 등이 필요하고, 뜨거운 음식이 제공되는 곳에는 스팀테이블, 보온고, 램프 등이 필요하다.

식기세척 및 소독 보관공간은 사용 후 식기나 기물을 세척하고 소독하여 보관하는 공간으로 세척기, 소독보관기 등이 필요하다.

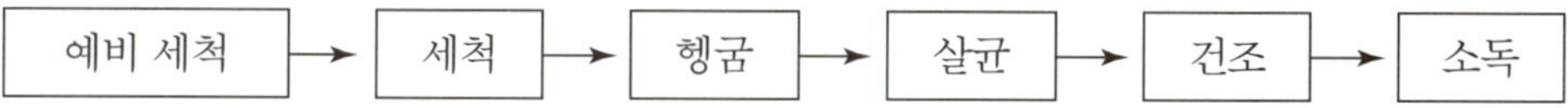

(2) 주방의 배치

주방의 배치는 식재료 저장, 전처리 공간, 가열조리공간, 배선공간, 식기 세척 및 소독 보관공간으로 이루어진다는 전제를 하고 배치하게 된다.

주방 시설의 배치는 직선형 주방, L자형 주방, U자형 주방, 병렬형 주방 등으로 나누어 배치하는 경우가 많다.

주방시설의 배치 모형은 주방시설의 배치형태가 지니고 있는 특성을 고려하여 음식을 조리하는데 있어서 효율성을 가질 수 있도록 배치하여야 한다.

① 일자형 주방

벽면을 이용한 배치형태로 'One Wall' 형태라고 부르고, 소규모 주방에서 조리업무 공간을 능률적으로 이용하는 형태이다.

일자형 주방에서는 냉동냉장고, 작업대, 세정대, 가스레인지를 일자형으로 나열한다. 일자형의 길이가 3.2m인 경우 조리동선이 비능률적으로 이 경우에는 다른 형태로 바꾼다.

② L자형 주방

이 주방의 형태를 벽 양면을 이용한 배치형태로 벽 양면을 이용하기 때문에 일자형 보다는 동선의 길이가 짧고 양면 중앙에는 이용이 잦은 조리기기를 설치하는 것이 바람직하다. 냉동냉장고, 세정대, 가스레인지, 작업대, 배선대가 필요하다.

③ U자형 주방

일자형과 L자형 주방의 배치를 혼합한 배치형태로 동선을 짧게 할 수 있고 냉동냉장고, 세정대, 작업대, 가스레인지, 배선대가 필요하다.

[그림 7-4] L자형 주방

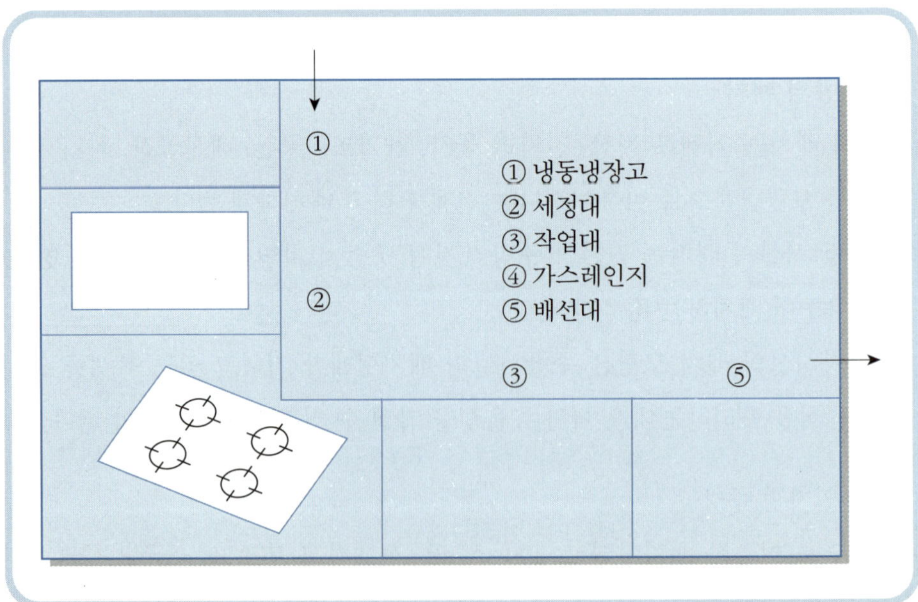

[그림 7-5] U자형 주방

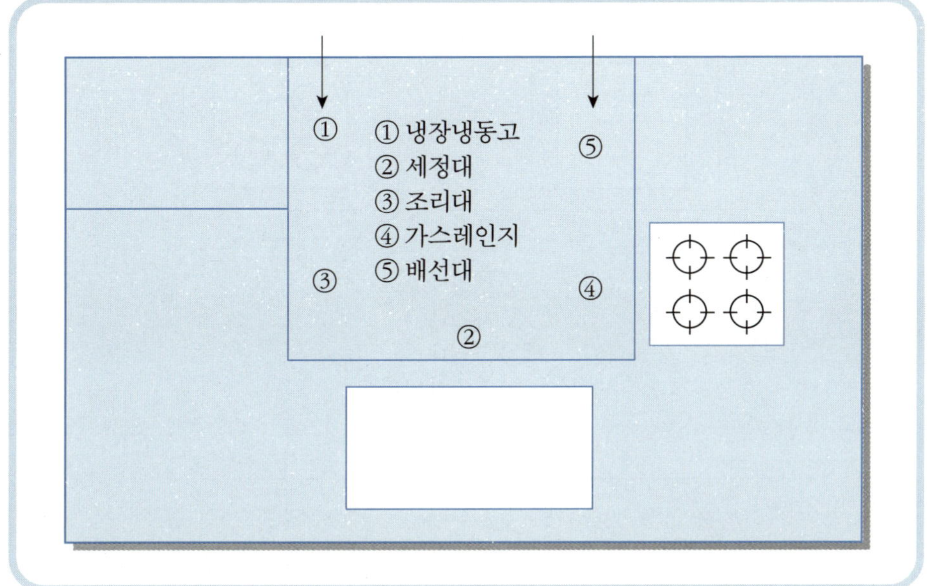

④ 병렬형 주방

일자형처럼 양면의 벽을 이용한 형태로 복도형이라고 한다. 병렬형은 일자형에 비해 조리면적이 넓고 동선의 길이는 단축될 수 있으나 조리 통로가 달라 불편한 점도 있다.

병렬형 주방은 건물이 가늘고 긴 공간에서 활용된다. 냉동냉장고, 세정대, 작업대, 배선도가 필요하며 다른 방향에는 세척공간, 소독, 보관고 등을 활용하면 유용하다.

[그림 7-6] 병렬형 주방

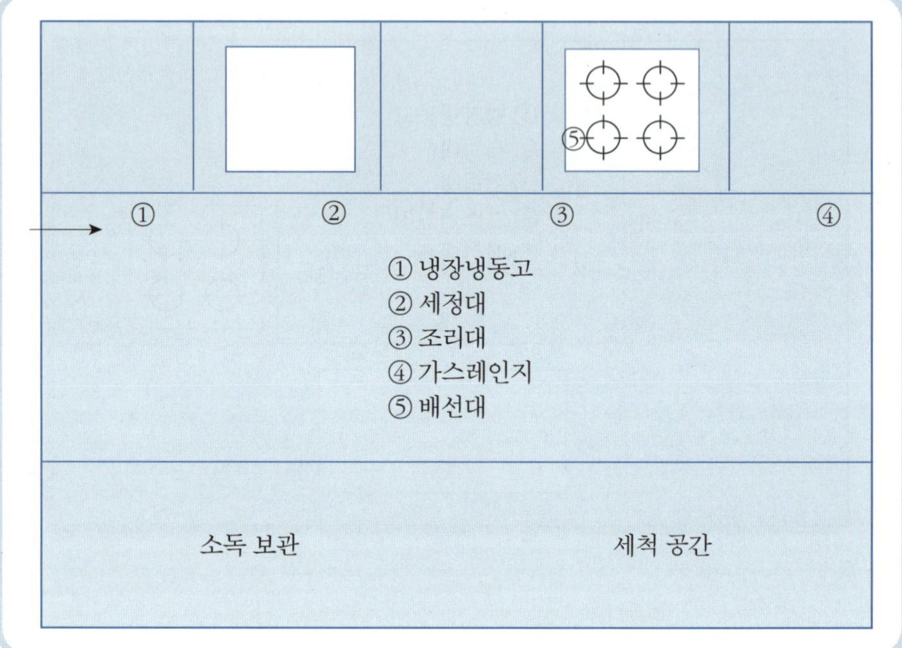

4. 주방의 조직 및 직급에 따른 업무형태

주방조직은 조리의 목적에 따라 그 직무를 확정하여 직무 수행에 따른 권한과 책임을 합리적으로 배분하고 각 직무간의 상호관계를 합리적으로 편성하는데 있다고 볼 수 있다.

주방의 조직과 직무는 크게 단독체제와 체인체제로 구분할 수 있다. 이를 구분하기 위해서는 규모의 대소, 체인의 독립 경영형태, 식당의 입지여건, 경영자의 경영방침에 따라 차이가 있다.

단독 체계의 주방조직은 주방장 1st Cook→2nd Cook→Cook→Helper로 일반 주방에서 구성된 형태이다.

〈그림 7-7〉 호텔 주방조직

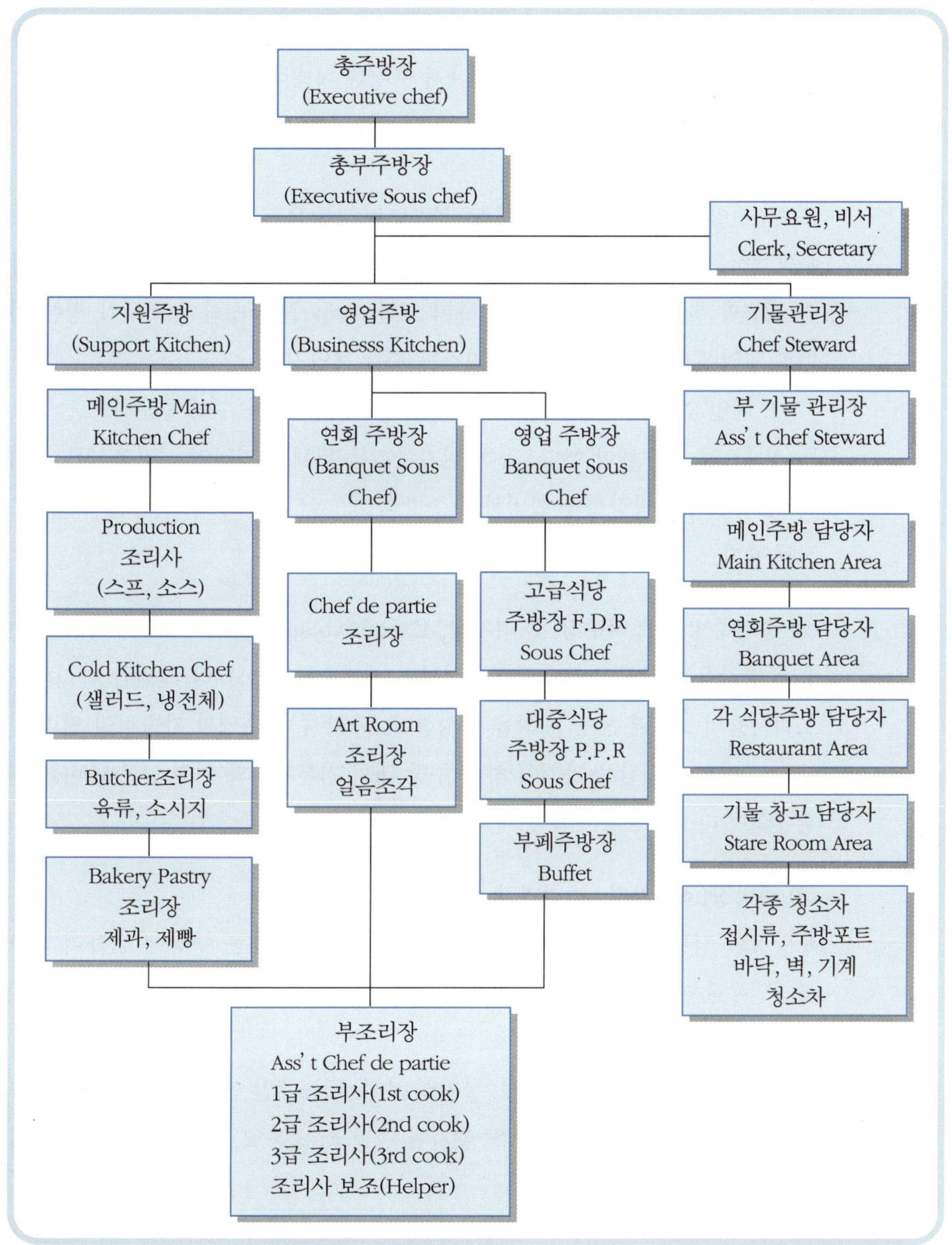
총주방장
(Executive chef)
총부주방장
(Executive Sous chef)
사무요원, 비서
Clerk, Secretary
지원주방
(Support Kitchen)
영업주방
(Businesss Kitchen)
기물관리장
Chef Steward
메인주방 Main
Kitchen Chef
연회 주방장
(Banquet Sous
Chef)
영업 주방장
Banquet Sous
Chef
부 기물 관리장
Ass' t Chef Steward
Production
조리사
(스프, 소스)
메인주방 담당자
Main Kitchen Area
Chef de partie
조리장
고급식당
주방장 F.D.R
Sous Chef
연회주방 담당자
Banquet Area
Cold Kitchen Chef
(샐러드, 냉전체)
Art Room
조리장
얼음조각
대중식당
주방장 P.P.R
Sous Chef
각 식당주방 담당자
Restaurant Area
Butcher조리장
육류, 소시지
기물 창고 담당자
Stare Room Area
부페주방장
Buffet
Bakery Pastry
조리장
제과, 제빵
각종 청소차
접시류, 주방포트
바닥, 벽, 기계
청소차
부조리장
Ass' t Chef de partie
1급 조리사(1st cook)
2급 조리사(2nd cook)
3급 조리사(3rd cook)
조리사 보조(Helper)

체인 체제의 주방조직은 Executive chef→Executive sous chef→sous chef→Chef de partie→Demi chef de partie→1st cook→2nd cook→3rd cook→cook→Helper(apprentice)로 주로 호텔에서 구성된 형태이다.

1) 직급별 업무내용

(1) 총 주방장(조리이사, 조리부장, Excutive chef)

주방에서 가장 높은 직책으로 대규모 업장의 주방을 관리한다. 직무는 각 식당의 메뉴와 특별메뉴를 작성해야 하며 또한 recipe를 작성하여 회사가 정한 기준과 영업에 따른 음식준비나 서비스를 총괄 책임진다.

또 매일 연회와 식당 이용객수를 예상하여 식재료를 수입 주문하고 들여오는 식재료를 검수해야 한다. 특히 원가관리를 위해 정기적인 시장조사를 실시해야 하며 각 주방장들과 협의하여 주방의 기능이 원활히 협조 운영되도록 조절해 준다.

(2) 총부주방장(조리부장, 조리차장, Executive sous chef)

총 주방장을 보좌하고 음식준비에서부터 서비스뿐만 아니라 인원을 관리하며 조리사들의 교육훈련 등 계획을 작성한다. 특히 주방 운영의 기술적인 면과 실무적인 면의 책임감을 가져야 하며 주방 내의 기본관리와 연회 업무 준비를 지휘 감독한다.

(3) 주방장(조리차장, 조리과장, Sous chef)

주방장의 직무는 부 총주방장을 보좌하며 직접 담당하는 주방에 대하여 제반 조리업무를 지휘감독하고 각 업장별 조리장들로부터 업무 실시 계획에 대하여 보고 체계를 갖고 있다.

특히 고객 성향에 대한 분석, 상업성 분석, 메뉴개발 연구 및 각 주방간의 유대관계에 주력해야 하며 주방에 설치된 냉장고, 냉동고, 조리사의 위생상태를 검사해야 한다.

(4) 조리장(조리과장, 조리계장, Chef de partie)

각 업장의 담당 주방에 대한 근무계획서를 작성하고 주방요원들에게 기술적인 측면과 실무적인 측면에 대해 교육을 시켜 업무에 지장이 없도록 해야 하며 음식이 고객에게 서비스되기 전 최종적으로 검사함은 물론 식당지배인들과의 유기적인 관계를 갖고 영업에 최선을 다해야 한다.

(5) 부조리장(조리계장, 조리주임, Ass' t chef de partie)

직무는 조리장을 보좌하며 조리장 부재시 조리장과 똑같은 직무를 대행하고 조리장과 부하직원들 간의 중간역할 및 조정을 한다.

(6) 1급 조리사(1st cook)

각 소속된 업장 주방별로 조리과정을 관장하며 주방장으로부터 전달된 메뉴에 대한 준비와 조리업무를 담당한다.

(7) 2급 조리사(2nd cook)

1급 조리사의 지시를 받으며 제반 준비확인 및 그에 따른 조리업무를 담당한다.

(8) 3급 조리사(3rd cook)

2급 조리사를 도와 직접 요리를 만들고 주방 내의 청소지도 및 야채준비, 육류준비 등 영업에 필요한 준비과정을 담당한다.

(9) 조리사 보조(Cook helper or pantry)

조리사를 보조하여 야채다듬기, 식재료 운반, 조리기구 세척 등 주로 단순한 일을 담당한다.

(10) 견습생(Apprentice)

조리사보조와 주방의 청결유지 및 야채준비, 육류준비, 조리기구 세척, 칼갈이 등 작업에 불편이 없도록 지원해 주면서 조리기술을 습득하는데 주 목적이 있다.

2) 부서별 업무내용

(1) 주요리 생산부서(Production or hot kitchen)

요리를 완성하는데 있어서 기본적으로 준비해야 하는 소스, 스프, 스톡 등을 만들어 주방업무를 지원하는 부서이다.

(2) 냉요리 부서(Cold kitchen)

주로 차가운 요리를 만드는 부서로 각종 파티에 나갈 수 있도록 cold cut, 소시지, 샐러드, 샌드위치, 찬 애피타이저 등을 직접 판매할 수 있도록 준비하는 부서이다.

(3) 육가공 부서(Butcher)

육류, 생선류 등을 각 주방에서 원하는 분량대로 손질하여 준비를 해주는 부서이며 또한 각종 육류 및 생선류를 이용하여 햄이나 소시지와 같은 가공품도 만드는 부서이다.

(4) 제과 · 제빵 부서(Bakery& pastry)

각 업장에서 필요로 하는 여러 종류의 빵과 케이크류, 초콜릿, 쿠키, 파이 등 식사 후 디저트용으로 서비스를 할 수 있도록 공급하는 부서이다.

(5) 연회 부서(Banquet)

지원주방의 도움을 받아 연회에 필요한 요리를 완성하여 판매하는 부서이며 뷔페, 세트메뉴, 칵테일 등을 담당하며 또한 출장파티도 가능하다.

(6) 조각실(Art room)

대규모 조직을 갖춘 호텔에서는 분리되어 있지만 대부분은 메인주방부서에서 함께 이루어지고 있다. 주로 얼음조각, 과일조각을 하여 식당의 분위기와 음식의 미각을 돋우며 예술성을 부여하는 역할을 한다.

(7) 식당(Restaurant)

한식, 중식, 일식, 프랑스, 이태리식당과 같이 전문화된 고급식당(Fancy dining Restaurant, F.D.R)과 커피숍, 스낵, 뷔페, 패스트푸드와 같은 대중식당(Popular price Restaurant, P.P.R.)으로 나눈다.

(8) 기물관리부서(Steward)

주방의 바닥이나 벽을 청소하고 특히 주방 및 식당에 사용되는 기물을 세척하고 준비하는 부서이다. 외국인 경영체제하에서는 Steward가 조리용 기기 및 기물들을 전문적으로 세척하지만 우리나라 시스템에서는 견습생이나 조리사 보조가 담당하고 있는 경향이 많다.

5. 주방의 기기

주방에서 조리상품을 생산하기 위해서는 조리기기나 조리기물의 사용이 필수적이다. 최근 조리기기의 자재로는 스테인레스 스틸(stainless steel)을 많이 사용하고 있는데, 이것은 변색이 적고, 강도가 높으며 부식성이 없고 청소가 간편하다는 장점이 있기 때문이다.

주방에서는 고정기기(Equipment), 소기물(U-tensile)로 나뉘어 지는데, 고정기기는 크고 무겁기 때문에 일정한 위치에 설치하고 거의 움직이지 않는 장비를 말하는데 주로 가스와 전기를 많이 사용하고 있고, 조리기기의 현대화로 인해 상품의 대량생산이 가능하므로 주방기기나 기구가 다양해 졌다. 소기물은 일반적으로 크기가 작으며 선반에 걸어 놓고 쓰거나 수납장 또는 캐비닛에 보관되어진다.

이러한 기기와 소기물은 현대요리의 고급화와 노동력 절감에 지대한 영향을 미치며 보다 전문화된 주방에서 다양한 기물과 기기, 과감함 설치 투자가 시도되고 있다. 따라서 전문 요리사도 다양한 기술을 구사하며 효율적인 작업을

하기 위해서는 필요에 따른 적절한 기물의 선택과 올바른 사용이 필수적으로 요구된다.

1) 주방기기의 선택

주방기기는 어느 정도 작업에 필요한 기능을 효율적으로 수행하느냐에 따라 선택되어져야 한다. 즉 메뉴의 분량, 최대 수요와 공급의 정도 등을 고려하여 구입하여야 하고 구입시 기존의 설비기기를 구입하거나 용도에 맞게 주문제작하는 방법이 있다.

주방기기를 적합하게 선택하기 위해서는 다음과 같은 점을 고려하여야 한다.

- 첫째, 주방기기가 정해진 작업을 위한 것인가 혹은 작업의 효율을 높일 수 있는지 여부를 파악하여 평가하여야 한다. 만약 이러한 점을 고려한 후 고장시 A/S를 잘 받을 수 있는지를 꼼꼼히 따져봐야 한다.

- 둘째, 기기의 최종가격을 고려해 최종가격, 설치비용, 수리비 및 감가상각과 보험료, 운영비용, 작업비용, 생산가치와 소비가치 등을 충분히 고려해야 한다.

- 셋째, 주방기기는 조리의 특성에 맞게 적합한 기능을 할 수 있는지 여부를 알아보고 동일 및 유사제품의 성능을 비교해 보아야한다. 보통 사용되는 모델과 어떤 특수한 경우에 사용되는 경우인지 등을 점검해 본 다음 경제성을 고려해 구입하여야 한다.

이러한 것들을 고려해 보면 특정 작업시설을 구비할 때에는 경험이 풍부한 전문가의 도움을 받아 조건에 적절한 주방기기를 도입하는 것이 현명한 방법이다.

2) 주방기기의 종류

주방에서 일반적으로 사용하는 주방기기는 다음과 같다.

① 작업기기 : 작업대(working table), 보관기(cabinet), 싱크대(sink table), 선반(rack shelf) 등

② 냉장 보온기 : 냉장냉동고(refrigerator and freezer), 스팀테이블(steam table), 보온고(food warming cabinet) 등

③ 가열기 : 가스오븐레인지(gas oven range), 그릴러(griller), 그리들(griddle), 튀김기(fryer), 만능조리기(tilting skillet), 대류식 오븐(convention oven), 살라만더(salamander), 토스터기(toaster), 증기국솥(steam soup)

④ 세척기 : 세척기(dish washer), 소독보관기(sterilizer cabinet)

⑤ 기타 : 육절기(meat slicer) 혼합기(food cutter), 분쇄기(meat chopper), 반죽기(mixer), 블렌더(blender), 감자탈피기(potato peeler), 골절기(meat saw) 등

◈ 작업대(working table)

주방에서 일반적인 조리업무를 담당하는 곳으로 일반 작업대, 캐비넷 작업대(work table cabinet), 서랍작업대(work table drawer), 이동작업대(movable work table)로 나뉘어져 있고, 일반 작업대는 보통의 작업수행 기능만 갖고 있고, 캐비넷 작업대와 서랍작업대는 간단한 조리기기나 기물의 수납기능을 겸하며 이동작업대는 무거운 식자재나 기구 혹은 완성된 음식을 연회장으로 안전하게 운반할 때 이용된다. 작업대 높이는 99~104cm정도가 적당하며 수시로 세척하여 청결한 상태를 유지한다.

◈ 세정대(sink table)

식재료나 주방기물을 세척할 때 이용되는데 일조, 이조, 삼조 등 여러 가지가 있으며 스테인레스 스틸로 제작되어 부식성이 없고 견고하다. 세정

대의 높이는 작업자의 팔꿈치 아래 25~30cm가 효율적이다. 또한 생선세정대는 일본식 주방이나 부처 주방에서 주로 사용되며 생선을 세척 및 손질할 때 이용한다.

◈ **잔반처리대(soiled dish table)**

식사 후 그릇에 남은 일반 잔반을 처리하는 테이블로 가운데 잔반투입구가 있다.

◈ **건조대(clean dish table)**

세척한 식기를 세워서 물기를 제거하거나 건조시키는 작업대이다.

◈ **보관기(cabinet)**

식기나 기물 및 식재료를 보관하는데 사용된다.

◈ **선반(shelf or rack)**

건조된 식재료, 캔, 각종 기물 등 실온에서 저장 가능한 것을 보관하는데 사용된다. 그리고 대형냉장고 내부의 선반으로도 사용할 수 있으며, 3단, 4단이 있고 고정식과 조립식이 있다. 선반은 어깨 높이를 고려하여 사용빈도가 높은 것이나 무거운 것을 하단에 사용빈도가 낮은 것을 상단에 놓는다.

◈ **가스레인지(gas range)**

주방에서 가장 많이 사용되는 기구로 조리에 따라 1열 1구, 2열 2구, 3열 3구 등 다양한 형태가 있다.

◈ **가스오븐레인지(gas range W/oven)**

상단은 가스레인지, 하단은 오븐으로 구성되어 있는데 오븐을 사용할 경우 미리 예열을 하여 이용한다.

◈ **가스 낮은 레인지(gas low range)**

음식물을 다량으로 조리할 경우 큰 원통형 주방기기(stock pot, sauce pot)를 사용하므로 높이가 낮아야 사용하기 편리하다.

◈ **중화레인지(chinese range)**

중식주방에서 주로 사용하는 것으로 강력한 화력으로 조리하는 레인지이다. 송풍기에 의해 높은 가스방출로 강한 화력을 내는 레인지 형태이다.

◈ **혼합기(food cutter)**

칼날이 수평으로 달려 있고 밑으로 회전하게 되어 있는 보올(bowl)이다. 적절한 크기로 식재료를 나눈다음 사용하는 것이 바람직하고 고기나 야채를 잘게 다질 때 이용한다.

◈ **육절기(meat slicer)**

각종 육류, 야채, 햄 등을 적절한 두께로 조절해가며 사용하는 장비이나 칼날이 있으므로 항상 안전에 유의하여야 한다. 골절기(meat saw)는 육골, 갈비, 냉동 식재료를 일정한 크기로 자를 때 사용하는 것으로 식품구매시 원하는 크기로 주문한다면 이 조리기기는 선택적인 구입이 가능하다.

◈ **야채 절단기(vegetable cutter)**

많은 양의 식품을 동시에 자르는데 사용되며 여러 가지 형태(고운채, 주사위모양)로 야채의 모양을 다양하게 할 수 있으며 일반적으로 단체 급식소에서 많이 이용하고 있다.

◈ **감자탈피기(potato peeler)**

감자 껍질을 대량으로 제거하는 기기로 감자의 양이 무리하게 투입되지 않도록 주의한다.

◈ **반죽기(mixer)**

주로 제과제빵에서 밀가루를 반죽할 때 사용되며 대량의 음식물을 혼합할 때 사용된다. 회전시 단기적으로 변환 조절하여야 기기의 무리가 없고 회전시 내용물에 손을 대지 않도록 안전에 주의한다.

◈ **분쇄기(food chopper)**

야채나 육류를 다질 때 이용되고 사용 후 내부기기를 깨끗이 청소하여 이물질이 혼입, 세균의 증식을 억제한다.

◈ **그리들(griddle)**

각종 구이나 전을 할 수 있는 철판요리 식기이다. 보통 두께가 10mm의 철판번철로 불고기, 갈비, 파전, 햄버거, 스테이크, 달걀요리, 팬케이크 등을 요리할 수 있다.

◈ **살라멘더(salamander)**

일반적인 레인지, 그리들, 그릴러 위에 설치하며 음식물의 색을 내거나 생선을 익힐 때 사용된다. 사용 후에는 가스 밸브 잠금장치를 확인한다.

◈ **증기기(steamer)**

증기를 이용하여 많은 양의 음식을 조리할 수 있는 기기이다.

◈ **증기테이블(steam table)**

완성된 음식물을 적정온도로 보온을 유지하기 위하여 사용되며 적정온도를 설정하면 자동으로 온도가 유지된다. 하단에 적정량의 물을 채워두면 적정 온도로 데워지면서 국, 스프, 소스 등 더운 요리들이 보온된다.

◈ **증기국솥(steam soup kettle)**

증기를 이용한 솥으로 헨들을 이용하여 기울일 수 있다. 이중 스텀구조로 되어 있어 음식물이 타지 않고 대량으로 국이나 소스 등을 끓이는 데 용이하게 사용된다. 호텔이나 단체급식소에서 많이 사용된다.

◈ **컨벤션 오븐(convention oven,)**

전기를 이용해 뜨거운 증기나 열을 발생시켜 공기의 대류를 이용한 오븐으로 많은 양의 완성된 요리를 빠른 시간 안에 낼 수 있는 반면 기기의 가격의 비싸기 때문에 고가의 장비에 속한다.

◈ **튀김기**(deep-fat fryer)

전기나 가스를 이용한 두 가지 방식이 있으며 자동온도 조절기가 부착되어 있으며 일정한 온도로 유지시켜야 한다. 튀김요리 시 기름의 양은 1: 6 정도로 하는 것이 이상적이고 튀김 조리 후 기기의 바닥에 남은 찌꺼기를 자주 청소해 준다.

◈ **소독보관기**(sterillizer cabinet)

식기류와 소기물을 자와선 소독하고 보관하는 기기이다.

◈ **가스밥솥**(gas rice cooker)

직화열의 형태로 원터치만 하면 자동으로 밥을 짓는 형태이다. 보통 한 통에 50명 분량의 밥을 조리할 수 있다.

◈ **영업 냉동냉장고**(reach-in freezer and refrigerator)

영업냉동냉장고는 소규모의 냉동냉장고로서 주방에서 사용하는 영업냉장고이다. 냉동고와 냉장고는 주방에서 가장 중요한 장비 중 하나로서 식품의 위생과 질에 지대한 영향을 미치므로 청결한 상태를 유지하는 것이 중요하고 특히 탈취제를 넣어 이취가 음식에 배지 않도록 주의한다.

◈ **대형 냉동냉장고**(walk-in freezer and refrigerator)

조리사가 냉동냉장고 안으로 들어가 대량의 식재료를 직접 냉동냉장고에 이동할 수 있으며 반드시 안에서 냉동냉장고 문을 열수 있는 장치가 되어 있는 것을 선택한다.

◈ **제빙기**(ice cube maker)

주사위 모양의 얼음(cube ice)을 자동으로 제조하는 기기로 음식물을 냉각시키는 용도로 사용하거나 칵테일용(cocktail) 얼음을 제조하는 데 이용한다.

◈ **카트(cart)**

식재료, 접시류, 기물, 기기등을 이동할 때 사용하는 기구로 아래면에 바퀴가 달려 있어 이동이 편리하다.

◈ **식기세척기(dish washer)**

온수와 세제를 이용하여 식기 및 기물을 자동으로 씻어주고 헹구어 주며 건조시키는 기기이다.

[그림 7-8] 조리기기 종류

가스레인지

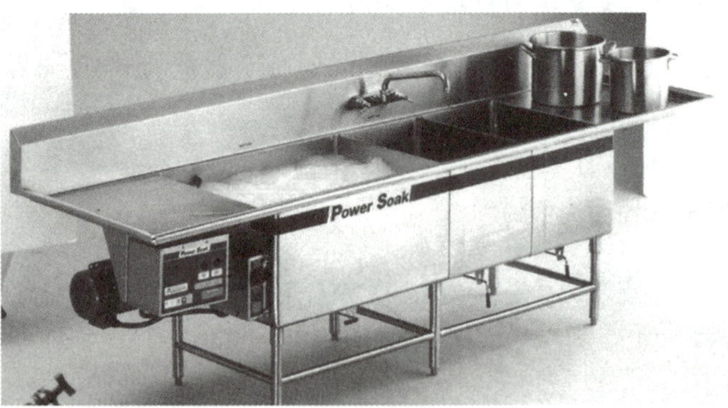

세정대

훈연기

육절기

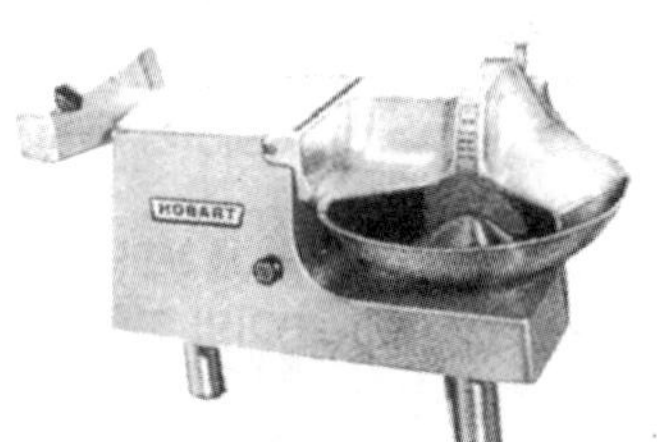

식품절단기

다지는기기

대류형오븐

스팀국솥

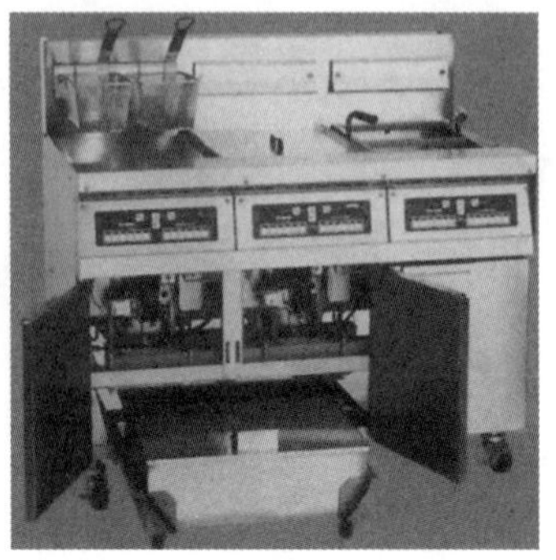

튀김기

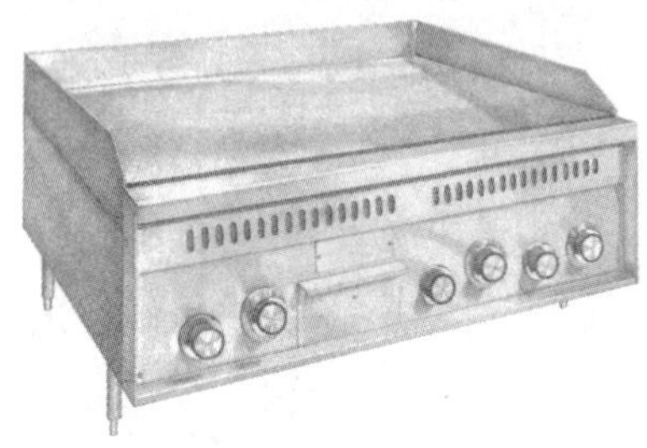

번철

혼합기

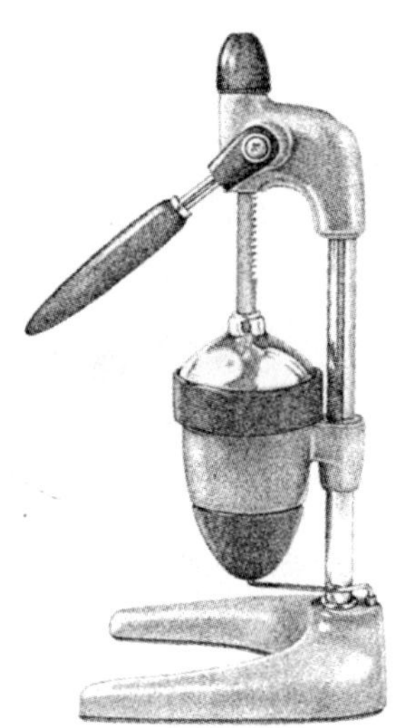

주스기

국수 기계

식빵 슬라이서

운반차

취반기

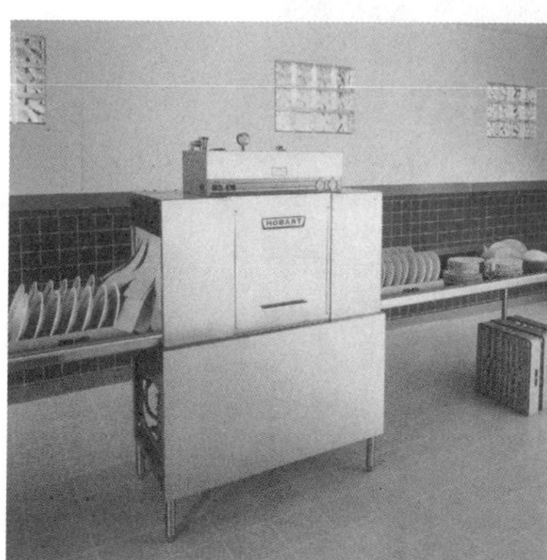

식기세척기

회전식 솥

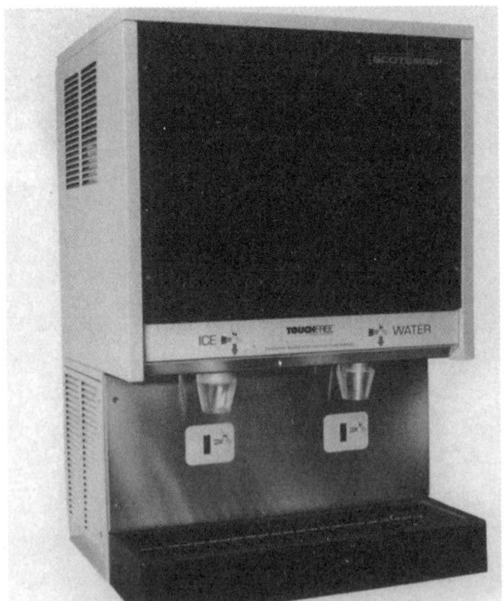

제빙기

3) 주방 소기물의 종류

음식을 조리하기 위해 사용되어지는 수작업 기구의 소형태로 그릇류, 글래스웨어, 조리용 소기물 등이 있다.

[그림 7-9] 조리기구의 종류

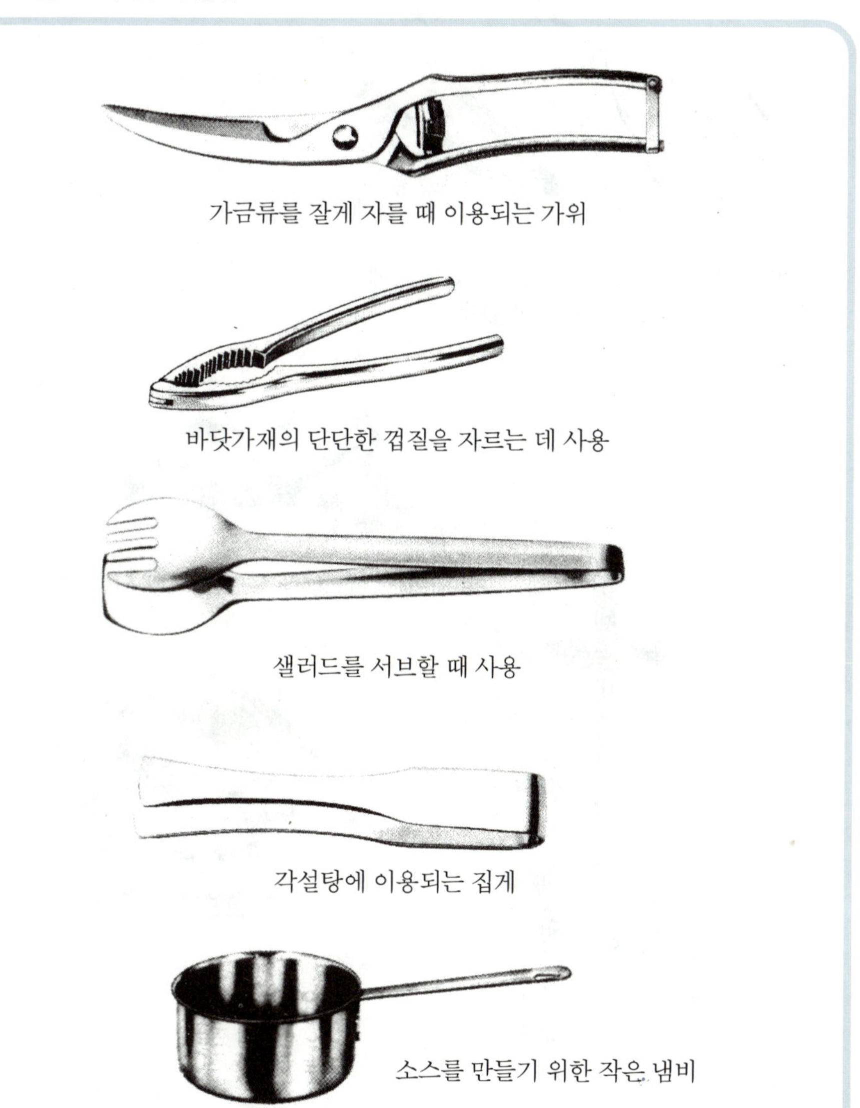

가금류를 잘게 자를 때 이용되는 가위

바닷가재의 단단한 껍질을 자르는 데 사용

샐러드를 서브할 때 사용

각설탕에 이용되는 집게

소스를 만들기 위한 작은 냄비

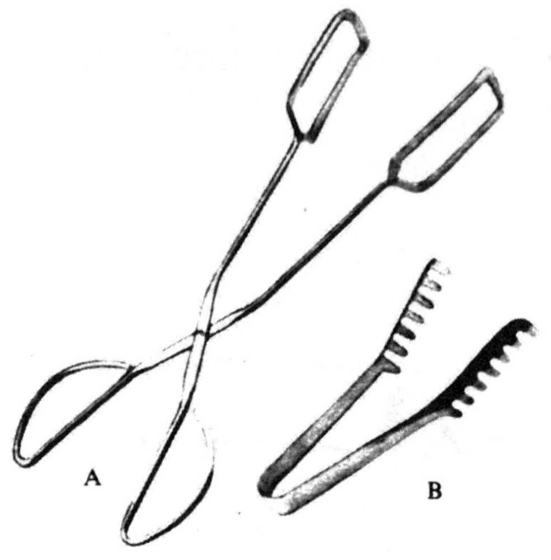

A 비교적 무거운 음식물을 들어올리는 집게
B 스파게티 국수를 집게 위한 집게

달팽이요리를 껍질 채 담기 위한 접시

주로 축하연에서 많이 사용되는 케이크 받침대

달걀 컵 또는 달걀 스탠드

아이스크림 컵

체

레몬/오렌지 주스기

구멍 스푼

조리용 큰 스푼

구멍 스푼

소스팬

밀가루용 국자

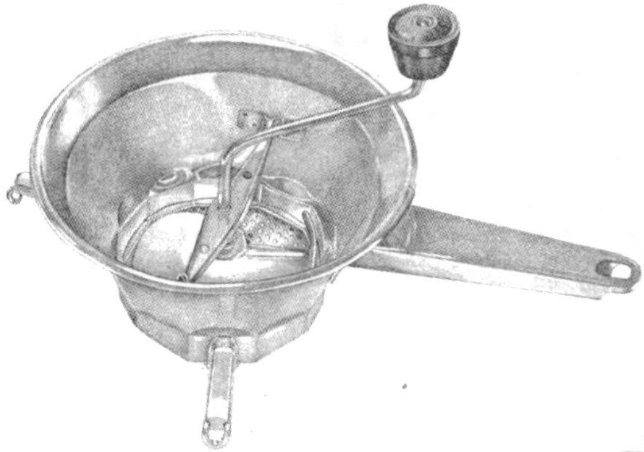

식품용 맷돌

접시 보온기

그물 국자

체

보냉 컵
얼음을 채워서 내용물이 냉기를 보존하는 기물로서 식전요리(Appetizer) 및 생선 칵테일류에 사용된다.

운두가 있는 그릇류

바닷가재용 칼(바닷가재의 살을 자르는 데 사용)

바닷가재용 포크(바닷가재를 고정시키는 데 이용되는 포크)

컵질깎기

멜론 커터

육류용 파운더

멜라민류

[그림 7-10] 칼의 각 부분의 명칭

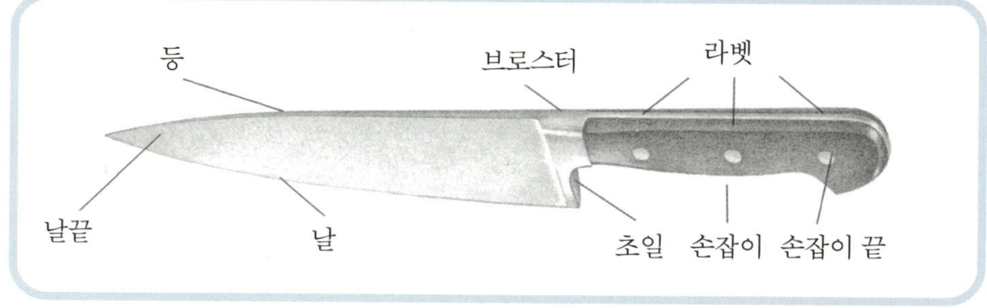

6. 주방의 안전관리

조리업무 수행과정에서 각종 사고를 유발할 수 있는 발생요인이 내재되어 있으므로 각 개인은 작업시 안전수칙을 철저히 지키고 좀더 세심한 주의를 기울인다면 사고의 발생률을 현저하게 줄일 수 있을 것이다.

현대화된 각종 조리기기와 기구들은 조리업무의 능률 향상에 많은 도움을 주지만 한편으로는 산업 재해의 발생요인이 되고 있다. 즉 이러한 산업 재해를 막기 위해서는 각종 기기의 작동법과 기능을 철저히 익히고 여기에 필요한 개인 작업 수칙을 철저히 이행하는 마음가짐을 갖는 것이 필요하다.

또한 조리업무와 화기(오븐, 가스레인지 등)는 불가분의 관계에 있으므로 화기로부터 안전(화상, 화재) 역시 중요한 과제 중의 하나이다. 가스와 전기는 조리에 편리하게 사용되고 있지만 가스기기나 전기기기를 사용함에 있어서 연료나 기기의 성질을 정확하게 알고 사용해야 하며 화기를 다룰 때에는 자리를 이탈하지 않고 지킨다든지 하는 철저한 주의가 필요할 것이다.

이외에도 식품을 어떻게 안전하게 보존하고 위생적인 조리를 고객에게 공급하느냐 하는 문제도 주방안전에 대단히 중요한 범주에 속하지만 "식품저장과 위생"에서 구체적으로 다루기로 한다.

1) 주방에서의 안전수칙

(1) 조리시 개인의 작업 안전수칙

① 칼을 사용할 때는 정신을 집중하고 안정된 자세로 작업에 임한다.

② 주방에서 칼을 들고 다른 장소로 옮겨갈 때에는 칼 끝을 정면으로 두지 않으며 지면을 향하게 하고 칼날은 뒤로 가게 한다.

③ 주방에서는 아무리 바쁜 상황이라도 바닥이 미끄럽고 또 다른 조리인과 부딪히지 않도록 뛰는 일이 없어야 한다.

④ 칼로 캔을 따거나 기타 본래 목적 이외의 용도로 사용하지 않는다.

⑤ 칼을 보이지 않는 곳에 두거나 물이 든 싱크대에 담그지 않는다.

⑥ 칼을 떨어뜨렸을 경우 잡으려 하지 않고 한걸음 물러서면서 피한다.

⑦ 칼을 사용하지 않을 때에는 안전함에 넣어서 보관한다.

⑧ 주방 바닥은 미끄럽지 않은 상태로 유지한다. 바닥에 기름기가 있을 경우는 제거한다.

⑨ 뜨거운 용기를 이동할 때에는 마른 행주를 사용한다.

⑩ 뜨거운 용기나 스프를 옮길 때에는 주위 사람들과 부딪치지 않도록 주의한다.

⑪ 뜨거운 음식에 재료를 넣을 때에는 한쪽 면에 닿게 하여 미끄러지듯 살며시 넣어 국물이 튀어 화상을 입지 않도록 주의한다.

⑫ 청결하고 몸에 맞는 유니폼과 안전화(바닥이 낫고 미끄럼이 방지된 신발)를 착용하며 안전한 상태로 복장을 갖춘다.

(2) 주방기기 사용 시 안전수칙

① 손에 물이 묻어 있거나 물이 있는 바닥에서 전기기기를 만지지 않는다.

② 전기기기를 다룰 때에는 스위치를 끈 다음 만진다.

③ 각종 기기는 작동법과 안전수칙을 완전히 숙지한 후 사용한다.

④ 전기기기와 장치를 점검하고 전기코드를 꽂을 때 기계자체에 부착된 스위치가 꺼져 있는가를 먼저 확인한다.

⑤ 작업이 끝난 후 전기코드를 뽑기 전 장비에 부착된 스위치를 먼저 끈다.

⑥ 칼날이 있는 주방기기(meat slicer)를 청소할 때에는 절단하는 칼날에 손이 닿지 않도록 거리를 두고 기계를 사용하지 않을 때에는 칼날을 닫아 놓고 스위치를 항상 꺼둔다.

⑦ 냉동실의 문을 안에서도 열 수 있는지 확인하고 작동상태를 점검한다.

⑧ 호스로 물을 뿌릴 때에는 전기플러그, 각종 기기의 스위치에 물이 튀지 않도록 주의한다.

(3) 전기나 가스사용 시 주의점

① 전기기기 사용 시 콘센트에 플러그를 완전히 삽입한 후 접촉 부분에서 열이 발생하지 않도록 한다.

② 전기 스위치 및 콘센트, 플러그의 고정나사가 장기 사용으로 풀려 흔들릴 경우 위험하므로 사용을 중지하여야 한다.

③ 한 개의 콘센트에 여러 전기기기를 사용하지 않는다.

④ 스위치, 콘센트, 전기기구 부근에 가연물, 인화물질이 없도록 한다.

⑤ 전기 용량을 적정치보다 초과하여 사용하지 않는다.

⑥ 스위치, 콘센트에 충격을 가하지 말고 물을 뿌리지 않는다.

⑦ 물 묻은 손으로 전기기기나 콘센트를 만지지 않고 비닐 코드선은 사용하지 않는다.

⑧ 전기기기를 사용 중에는 자리를 비우지 말고 사용 후에는 반드시 플러그를 빼놓는다.

⑨ 커피포트, 전기히터 등 용량이 많은 전열기구는 사용하지 않도록 한다.

⑩ 가스 중 도시가스는 냄새가 있어 새는 것을 쉽게 알 수 있으며 공기보다 가벼운 가스이므로 새면 높이 올라가므로 사용전 반드시 환기를 시킨다.

⑪ 코크와 연결부 호스 등을 비눗물로 수시 점검해 보아 가스가 새는지 확인하여야 하며 사용을 중단할 경우 코크를 확실히 닫아둔다.

⑫ 가스가 샐 경우 주변 화기기구를 꺼내고 콕, 주밸브, 용기밸브를 모두 닫

고 창이나 출입구를 열어 통풍을 시키고 비상관제실에 통보한다.

⑬ 음식이 끓어 넘쳐 불이 꺼지는 경우가 있으므로 가스 사용시 자리를 비우지 말아야하고 호스나 배관등에 화재가 났을 경우 가스 중간밸브를 차단하고 소화기로 불을 소화한다.

2) 주방의 위생

인체를 형성하고 생명을 유지하기 위해서는 여러 영양소가 필요하고 이들 영양소는 식품으로부터 섭취되어져야 한다. 그러나 이러한 식품에 각종 유해세균과 독성물질이 함유되어 있다면 인간의 생명을 유지하지 못하고 오히려 위해를 가하게 될 것이다. 따라서 식품을 위생적으로 처리하고, 식품을 다루는 조리인 역시 개인위생에도 반드시 특별한 주의를 해야 한다.

그러기 위해서는 우선 조리사 개개인은 건강하고 위생관념이 투철한 동시에 위생수칙의 준수는 습관화 되어져야 할 것이다. 또 조리장의 환경은 위생적이고 안전해야 한다. 하지만 인력과 시설이 완벽하다 하더라도 식품을 반입, 검수, 조리하는 과정이 위생적이지 못하면 아무 소용이 없을 것이다.

따라서 위생이란 조리사의 개인위생, 주방환경 위생, 위생적으로 처리된 식품 등 어느 한부분이라도 소홀히 생각되어져서는 안 될 것이며, 이들 요소가 다 갖추어 졌을 때 위생적인 식중독 예방과 더불어 변질된 식품으로부터의 발생될 수 있는 위해를 방지할 수 있을 것이다.

(1) 개인 위생

① 감기, 인후염, 피부병 및 전염성 질환의 감염시에는 업무를 하지 않는다.

② 손에 상처가 있을 경우 즉시 치료하고 직접적인 조리업무에 임하지 않는다.

③ 손은 항상 깨끗이 유지하고 손톱은 짧게 자르고 반지, 시계는 착용하지 않으며 메뉴큐어도 바르지 않는다.

④ 신체를 청결히 유지하고 위생복은 항상 깨끗한 것을 착용한다.

⑤ 조리사는 위생복을 착용한 상태에서 바닥에 앉지 않는다.

⑥ 음식물 앞에서는 기침이나 재채기를 하지 않는다.

⑦ 음식물은 작은 공기를 덜어서 맛을 보며 국자나 기타 조리용기 사용은 금한다.

⑧ 위생복을 착용한 상태로 화장실 출입을 금해야 한다. (최소한 앞치마와 모자는 벗어놓고 작업화는 갈아 신어야 한다)

⑨ 칼자루는 항상 깨끗이 씻어야 하며 칼을 잡고 일하던 손은 깨끗이 씻은 후 음식물을 만진다.

⑩ 소독된 일회용 수건을 청결히 휴대하여야 하며 개인용 손수건은 사용을 금한다.

⑪ 조리사는 건강을 정기적으로 건강관리(신체검사, 예방접종)하여야 하고 과로, 수면부족 등을 피한다.

⑫ 항상 손을 씻는 습관을 기른다. 용변 후, 식전, 식후, 외출에서 돌아 왔을 때, 전화기를 만지거나 문을 열고 닫은 후 기회가 있을 때 마다 손의 청결에 힘써야 한다.

(2) 식품위생

"식품위생이라 함은 식품, 첨가물, 기구 및 용기와 포장을 대상으로 하는 음식에 관한 위생을 말한다" 라고 식품위생법 제 1장 2조 7항에서 정의하고 있다. 조리인들은 식품을 모든 위해요인으로부터 안전하게 보존하고 정성껏 조리하여 최종적으로 위생적으로 안전한 요리를 고객에게 공급할 책임과 의무를 가지고 있다. 따라서 식품의 위해요인을 예방하기 위해서는 다음과 같은 사항이 이행되어져야 한다.

① 세균성 식중독균 및 경구 전염병의 원인균이 식품에 오염되지 않도록 해야 하며 일단 오염된 것은 절대로 사용해서는 안된다.

② 식품을 부패시키는 미생물에 오염되지 않도록 살균하여 저온에서 단기

간 저장한다.

③ 식품의 반입, 저장, 조리과정에서 유독 혹은 유해물질의 혼입이 없도록 주의한다.

④ 식품 첨가물은 사용량의 한계를 넘지 않도록 하고 주기적으로 유통기간을 확인하여 안전관리에 힘써야 한다.

⑤ 모든 과일류 및 채소류는 전용세정제를 사용하여 농약 및 유해물질을 완전히 제거하고 흐르는 물에 깨끗이 씻어 사용한다.

⑥ 불량 부정식품의 반입을 막기 위해서는 식품에 관한 각종 정보를 수집하고 식품 판별법을 연구하여 식품의 검수시 그 지식을 활용한다.

⑦ 위생적으로 의심스러운 식재료가 있을 경우 연구단체, 소비자 단체를 활용하여 유해유무를 확인하는 적극적인 자세를 갖도록 한다.

(3) 주방 시설의 위생

식품과 접촉하는 모든 기기와 기구 등은 위생적으로 안전하게 관리되어져야 하며 조리업무의 모든 작업이 이루어지는 주방은 위생적인 환경이 되도록 하여야 한다.

① 주방은 1일 1회 이상 청소하여야 한다.

② 벽, 바닥, 천장의 표면은 효과적으로 청소할 수 있도록 단단하고 매끄러워야 하며 벽이나 바닥의 타일 등이 파손되었을 경우 즉시 보수한다.

③ 주방내의 온도는 16~20℃, 습도는 70%가 적합하며 항상 통풍이 잘 되도록 환기시설을 가동시켜야 한다.

④ 주방내의 조명도는 50~100Lux정도가 좋으며 가능한 한 자연의 채광효과를 얻을 수 있도록 하는 것이 좋다.

⑤ 식재료 반입시 들여온 빈상자는 주방 내에 적재해 두지 않음으로써 해충의 번식을 막는다.

⑥ 주방은 정기적인 방제소독을 실시하여야 하고, 각종 해충 및 쥐를 구제

할 수 근본적인 시설과 관리대책이 수립되어져야 한다.

⑦ 주방에서는 관계자 외 외부인의 출입은 금지해야 하고, 잡담을 금하고 담배를 피우거나 침을 뱉지 않는다.

⑧ 폐식용유는 분리수거하고 하수구를 통해 유입되지 않도록 주의한다.

(4) 주방에서의 위생관리

① 메뉴선택 시 주의점

식품위생상 위해한 식품이나 신선한 상태를 요하는 식품, 살균과정이 없는 날것의 이용은 자제한다.

- 조리하지 않은 날것(생채소, 생굴, 회, 생조개, 날달걀 등)을 이용할 때는 식중독을 일으킬 수 있으므로 주의한다
- 두부제품, 일반 가공품을 열처리 없이 이용하는 것은 식중독을 유발할 수 있으므로 주의한다.
- 요즈음은 염도가 낮은 젓갈류가 판매되므로 급식시 이용하고 보관 및 저장기간에 주의한다.

② 식재료 구매와 검수시 주의점

- 냉장 냉동식품은 배송시 온도를 확인한다.
- 포장상태를 확인한다.
- 가공식품은 유효기간을 확인한다.
- 적법한 상표인지 확인한다.
- 1차 농산물인 경우 신선도를 확인한다.
- 미생물 상태는 식재료 선정시 수시로 실시하며 신선도가 유지되고 있는지를 확인한다.

③ 냉동냉장 저장시 주의점

- 냉장고는 4℃ 이하로 신선도를 유지한다.
- 냉동고는 −18℃ 이하로 유지한다.
- 단기간 저장하는 것은 냉장보관, 장기간 저장하는 것은 냉동보관하고 식

자재를 보관할 용기와 포장지를 적절하게 사용한다.

- 저장기간에 유의하기 위해 날짜표시 혹은 각 품목당 유효기간 표시목록을 작성하여 냉장고 앞에 붙여둔다.
- 냉장고 바닥적재를 금하고 반드시 선반에 적재한다.

▶ **해동시 주의점**

주방위생에서 수조어육류의 경우 장기간 보관시 냉동하게 되는 데 적절한 해동이 이루어져야 식품이 변질되지 않는다.

마이크로파를 이용한 전자레인지에서 해동하는 방법, 플라스틱 필름에 밀봉한 다음 흐르는 찬물에 담구는 방법을 이용하는 것이 바람직하다.

식품구매

1. 구매관리의 개요

1) 구매의 개념과 목적

구매(purchasing)란 구매자가 물품을 구입하기 위해 계약을 체결하고 계약 조건에 따라 물품을 인수하고 대금을 지불하는 과정으로 넓은 의미로 토지, 건물, 기계, 비품, 설비, 원재료, 노동력의 조달을 의미하며 좁은 의미로는 원재료나 제품의 구매활동을 포함한다.

즉, 구매 활동 과정이란 조직의 운영 및 경영관리에 필요한 물품을 적정한 조건으로 선정하고, 구매량을 결정하고, 시장조사와 경쟁입찰을 통하여 공급자를 선정한 뒤 적정한 구매조건을 통한 대금지불을 결정한 뒤 적당한 시기에 적당량이 납품되도록 관리하며 물품의 검수, 저장, 불출, 원가관리 등 사무처리를 정확하게 하는 과정이라고 할 수 있다.

따라서 구매관리활동은 조직의 경영관리에 필요한 적정한 품질과 적정한 수량의 물품을 적정한 시기에 적정한 가격으로 적정한 공급원으로부터 구입하여 직징한 장소에 납품하도록 하는 섯이다.

식품구매는 구매의 한 부분으로 구매자에 의해 영양적으로 우수한 식품을 선택하여 적절한 조리법으로 다수가 효율적이고 만족스러운 식사를 할 수 있도록 최대한 고려하여 이루어져야 한다.

최근에는 기존의 농수산물을 비롯하여 다양한 가공품들이 생산 판매되고 있다. 특히 가공품의 경우에는 안전성의 문제가 제기되고 있으므로 가공식품 구입시 필요한 요건에 부합되는지의 여부를 알아보고 선택 관리하는 것이 매우 중요하다.

최근에는 다양한 식품이 생산되면서 단체급식소에서도 적절한 예산에 맞추어 영양과 수급자의 기호에 맞게 조리할 수 있도록 효율적인 식품구매와 식재료 관리가 이루어지고 있다.

식품을 구입하고자 할 때에는 구입하고자 하는 식품의 종류에 따라 다음과 같은 사항을 유의하여야 한다.

(1) 식품구매 시 계절에 맞는 제철 식품으로 신선한 것을 구입하여야 한다.

식품은 출하되는 시기가 적절한 계절식품을 이용하는 것이 영양적으로도 우수하고 맛도 좋다. 따라서 식품구매시 출하시기와 유통상태가 좋아 신선도를 유지한 것을 선택하는 것이 바람직하다.

(2) 위생적인 식품을 선택하여야 한다.

식품은 위생적으로 잘 처리된 것을 선택하고, 특히 저장할 때에도 식품의 특성에 맞게 보관 관리하는 것이 필요하다.

(3) 안전한 식품을 선택하여야 한다.

식품은 생산되는 과정에서 토질이나 수질, 혹은 농약 사용유무, 중금속 오염에 따른 문제가 발생할 수 있고, 또 가공처리과정에서도 첨가물의 사용에 따라 유해색소, 보존료, 착색료 등 식품첨가물이 첨가되면서 유해성의 가능성이 있기 때문에 우선 생산과정에서 안전한 상태로 생산되어진 것인지를 확인하여야 하고, 가공 처리된 제품은 품질 표시 기준에 적합한지, 혹은 제조 년 월일을 확인하는 과정이 반드시 필요한다. 이렇게 생산된 제품이라 하더라도 보관된 것을 수시로 확인하여 유해성의 가능성을 파악하는 철저한 관리가 필요하다.

(4) 구매식품의 가격기준을 산출하여 적절한 가격의 것을 구입하여야 한다.

필요한 식품의 구매리스트를 작성하고 물가상승을 고려하여 구매 시기를 결정한 후 미리 구입할 수 있는 건제품(쌀, 마른 버섯류, 해조류 건조품 등)을 미리 구입해두고, 신선도를 요구하는 제품은 출하시기에 맞추어 적절한 가격을 산정하여 구입하도록 한다.

2) 구매관리의 정의와 중요성

구매관리(purchasing management)란 조직의 경영목적에 부합하는 생산계획을 달성할 수 있도록 생산에 필요한 특정 물품을 적정 거래선으로부터 필요한 시기에 필요한 수량을 적절하게 가격으로 구입할 목적으로 구매활동을 계획, 실시, 통제하는 관리활동을 의미한다.

과거의 구매관리는 원재료의 구매에 초점을 맞추어 가장 저렴한 가격으로 물품을 구매하는 것이 구매관리의 핵심적 개념이었으나 오늘날에는 물품 가격과 함께 구매시 소용되는 비용 및 상품의 품질을 고려한 구매원가의 절감을 통한 이윤증대라는 것으로 구매관리의 개념이 변해가고 있다.

3) 식품 구매 관리의 중요성

식자재 구매활동이란 음식 생산에 필요한 식재료를 적정 거래선으로부터 최적 품질을 확보하여 필요한 시기에 적정수량을 최소비용으로 구입할 목적으로 구매활동을 계획, 실시, 통제하는 관리활동을 의미한다.

적절한 식품구매활동은 원가를 절감할 수 있고, 양질의 제품을 생산하여 고객 만족에 의한 매출증가를 기대할 수 있다.

따라서 구매하고자 하는 물품은 철저히 분석하고 검토하여 우수한 물품의 구입, 납기, 포장, 운송, 지급조건, 품질보증, 거래조건 등을 면밀히 검토하여 가능한 저렴한 가격으로 필요한 수량을 적기에 구입하여야 한다. 업체에서 구매업무는 조리업무, 판매업무와 함께 경영활동의 기초로 특히 음식의 생산에

	과거	현대
핵심기능	생산을 위한 서비스의 기능	조직의 경영관리 목적 달성을 위한 창조기능
경영관리위치	타부문의 종속기능	경영관리의 주요기능
업무시작기능	구매요구를 접수한 때부터 업무시작	구매방침 및 계획단계부터 업무
구매직원	비전문적, 생산담당자 직접구매	훈련된 전문 구매직원에 의한 업무

필요한 식자재의 구매는 다른 제품의 생산을 위한 원재료 구매와는 다르므로 외식업체의 구매담당자는 식재료가 갖는 특징, 감별법, 유통환경에 대한 충분한 지식을 갖추고 있어야 한다.

2. 식품의 구매

1) 식품 재료 구입

식품을 구입하기 전 식품을 얼마만큼 구입할 것인가를 먼저 결정하여야 한다. 그러기 위해서는 식품의 기준표시, 가식률에 따른 사용량을 정확히 계산하고 최종적으로 구입량을 산정하여야 한다.

특히 가식부분과 불가식부분에 따른 계산이 반드시 이루어져야 한다. 예를 들면 생선을 구입한 경우 전체 중량에서 껍질, 머리, 뼈를 제외한 부분 즉 실질적으로 먹을 수 있는 양을 백분율로 나타낸 것이 가식률, 버려지는 부분을 폐기

주요업무		단위업무
대분류	소분류	
식음	구매	식자재 구매관리(daily, stock) 견적 단가 결정
	물류	원재료 창고운영 및 관리(daily, stock) 식자재 배송
	구매관리	식자재 검수요령 식자재 관리요령 신규업체 개발 및 등록
	수불관리	대금 지급 요령 월말 결산 마감요령 비축품 단건 마감 요령
	연구개발	시장, 산지조사 동종업계 구매동향 조사

율이라고 하는데 식품의 가식률을 반드시 파악하고 그에 따른 식품 구매량이 결정되어야 한다.

식품재료의 양=100－폐기율÷가식부분의 양×100

식품의 가식률

식품명	가식률(%)	식품명	가식률(%)
무, 당근, 토마토	95	고사리, 정어리	50
고구마, 감자	90	생새우, 돔	45
피망, 파, 양배추	85	바닷가재	40
배	80	아귀, 참서대	35
떡, 오징어	75	게	30
귤	70	조개	25
전갱이	65	우렁쉥이	20
연어, 넙치	60	바지락, 맛	15
고등어, 삼치	55		

또한 건조식품의 경우 건조된 제품이 조리 시 물을 흡수하는 팽창률도 고려하여야 한다. 평소 마른 재료를 많이 쓰는 경우 불리거나 삶았을 때의 양을 알면, 재료의 분량을 환산 할 수 있어 많은 분량을 준비하는데 편리하다.

2) 계절식품 구입

최근에는 식품의 하우스재배 및 냉장, 냉동식품이 증가하고 있어 식품의 출하시기를 연장시키고 있다. 그러나 각 계절에 산출되는 식품들은 그계절에 꼭 필요한 영양소를 함유하고 있고, 쉽게 구입할 수 있으며 가격도 비싸지 않기 때문에 제철식품을 이용하는 것이 가장 바람직하고 경제적이다. 특히 출하시기에서도 최적기에 식품을 구입하기 위해서는 식품별 각각의 출하 적정시기를 알아둘 필요가 있다.

조리방법	건조식품	팽창비율
삶았을 때	당면 마른국수 젖은국수	3배 3배 2배
불렸을 때	미역 무말랭이, 호박오가리 목이버섯	7~10배 6배 6배

① 봄

봄에는 온몸이 나른해지고 입맛이 떨어지므로 겨우내 부족했던 각종 비타민과 무기질을 충분히 보충해 주어야 잃어 버렸던 입맛을 되찾을 수 있다. 달래, 냉이, 씀바귀 등을 나물로 하여 먹거나 도라지 · 마늘종 · 미나리 · 더덕이 많이 나며, 생선류는 조기 · 굴비 · 조개 · 대합 · 우럭 · 꽁치 등이 많이 난다.

월별	야채류	과일류	어패류
3월	달래, 냉이, 씀바귀, 도라지, 마늘종, 더덕, 미나리, 상추, 우엉, 유채, 봄동, 배추, 쪽파, 콩나물, 고들빼기, 쑥, 땅두릅, 원추리, 고사리	딸기, 금귤	조기, 굴비, 우럭, 꽁치, 가오리, 성게류, 숭어, 대합, 대게, 말, 파래, 물미역, 톳, 굴, 바지락, 모시조개, 피조개, 도미, 꼬막, 임연수어
4월	상추, 미나리, 고사리, 시금치, 죽순, 머위, 쪽파, 쑥갓, 땅두릅, 더덕, 콩나물, 달래, 표고버섯(참나무), 취, 쑥, 봄동	딸기	조개, 대합, 도미, 복어, 가자미, 붕장어, 성게류, 병어, 숭어, 대합, 해삼, 톳, 조기, 뱅어포, 키조개, 김, 갈치, 고등어, 꽃게, 주꾸미
5월	감자, 땅두릅, 더덕, 도라지, 머위, 우엉, 시금치, 쪽파, 아욱, 쑥갓, 콩나물, 고구마순, 완두, 미나리, 참취, 파, 상추, 양파, 마늘, 더덕, 마늘종	앵두, 귤(밀감), 딸기	준치, 붕어, 홍어, 넙치, 서대(혀가자미), 민어, 붕장어, 꽁치, 학꽁치, 삼치, 병어, 준치, 뱅어, 숭어, 꽃게, 대게, 톳, 멍게, 참치, 고등어, 오징어, 잔새우

② 여름

여름은 땀으로 수분이 손실되기 쉬우므로 체력이 소모되고, 지쳐서 입맛을 잃기 쉽다. 수분과 비타민 공급에 좋은 딸기 · 수박 · 참외 · 토마토 등의 야채와 과일을 충분히 섭취해 주는 것이 좋다. 야채는 열무 · 오이 · 애호박 · 깻잎 · 풋고추 등이 있다. 생선은 민어 · 새우 · 성게 · 미꾸라지 등이 제철이며, 특히 미꾸라지는 여름철 보신용으로 많이 먹는다.

월별	야채류	과일류	어패류
6월	근대, 오이, 양배추, 통마늘, 토마토, 우엉, 아욱, 콩나물, 청둥호박, 양파, 부추, 감자	비파, 수박, 참외, 토마토, 매실	양태, 민어, 갯장어, 병어, 생멸치, 준치, 갈치, 뱀장어, 오징어, 홍어, 농어, 갑오징어
7월	오이, 가지, 호박, 감자, 토마토, 부추, 깻잎, 노각, 콩나물, 양배추, 옥수수, 열무	복숭아, 수박, 메론, 참외, 자두, 포도 , 산딸기	양태, 민어, 갯장어, 병어, 생멸치, 준치, 갈치, 뱀장어, 오징어, 홍어, 농어, 갑오징어
8월	감자, 강남콩, 오이, 가지, 배추, 호박, 토마토, 부추, 깻잎, 고구마, 고구마순, 노각, 콩나물, 무, 미역줄기, 땅두릅, 풋고추, 열무, 옥수수	포도, 복숭아, 수박, 메론, 참외, 자두	양태, 민어, 갯장어, 고등어, 멸치, 갈치, 뱀장어, 꼬막, 굴, 바지락, 전복, 성게, 잉어, 전갱이

③ 가을

가을은 수확의 계절로 "천고마비"의 계절이라고 불리울 정도로 곡류와 사과 · 배 · 감 · 밤 · 대추 · 유자 · 모과 등의 과일이 많다. 버섯류와 토란 · 연근 · 무 · 배추 · 고구마 등이 많이 난다. 갈치 · 고등어 같은 생선이 맛이 있다.

여름동안 지친 몸에 좋은 단백질 섭취를 위해 살이 통통하게 오른 산란기 직전의 생선들을 섭취하고, 겨울에 많이 쓰이는 비타민A, D와 무기질의 섭취를 위해 과일과 잡곡, 버섯류 등을 섭취해 주는 것이 좋다.

월별	야채류	과일류	어패류
9월	가지, 토란, 홍고추, 시금치, 고구마, 싸리버섯, 콩나물, 표고버섯(말린 것), 풋콩, 느타리버섯, 당근, 감자	포도, 무화과, 감, 사과, 복숭아, 파인애플, 배	갯장어, 생멸치, 갈치, 대합, 전복, 홍합, 꽃게, 중하, 오징어, 해파리
10월	무, 샐러리, 토란, 자연송이, 시금치, 호배추, 고구마, 싸리버섯, 콩나물, 씀바귀, 고추, 팥, 느타리버섯, 양송이버섯, 고들빼기	포도, 사과, 감, 배, 밤, 바나나, 키위, 대추, 오미자, 모과	도루묵, 농어, 갯장어, 병어, 삼치, 갈치, 대합, 꽃게, 오징어, 대하, 꽁치, 고등어, 청어, 연어, 홍합
11월	갓, 시금치, 무우, 배추, 샐러리, 대파, 콩나물, 연근, 우엉, 늙은호박	귤, 사과, 감, 배, 유자, 키위, 은행	도루묵, 참돔, 농어, 삼치, 고등어, 멸치, 갈치, 옥돔, 방어, 연어, 참치, 대구, 성게, 오징어

④ 겨울

겨울철 추위와 차가운 온도 때문에 칼로리의 소모가 커지므로 입맛을 돋우기 위해 단백질 함량이 많거나 비타민 함량이 많은 식품이 좋다. 겨울 채소는 맛이 단 것이 특징으로 당근 · 시금치 · 우엉 · 양배추 등이 제철이며, 겨울철 부족하기 쉬운 비타민 섭취에 좋은 식품으로는 시금치가 있다. 생선류는 도미 · 청어 · 명태 · 가자미 등이 나며 특히 굴과 꽁치는 단백질 함량이 높고 맛이 좋다. 과일은 감귤류가 대표적이며 오렌지 · 건포도 · 레몬이 있다.

대보름에는 호두, 땅콩의 섭취를 통해 지방과 무기질의 섭취하고, 제철식품

월별	야채류	과일류	어패류
12월	갓, 시금치, 무, 배추, 당근, 콩나물	밀감, 감, 바나나	도루묵, 참돔, 농어, 병어, 양미리, 꼬막, 굴, 오징어, 낙지, 문어, 톳, 홍게, 영덕게, 꽃게, 방어, 넙치, 복어, 맛살조개, 가자미, 미역, 주꾸미, 가오리, 김

월별	야채류	과일류	어패류
1월	갓, 당근, 마늘, 우엉, 무, 배추, 콩나물, 연근	귤, 레몬, 감	가오리, 가자미, 명태, 성게류, 복어, 해삼, 대구, 명태, 빨간도미, 옥돔, 아귀, 개조개, 가자미, 청어, 말, 굴, 패주, 문어
2월	고비, 느타리, 당근, 달래, 물쑥, 봄동, 우엉, 유채, 콩나물, 쑥갓, 시금치, 참취 , 순무, 양파	귤, 레몬, 사과	대구, 조기, 성게류, 해삼, 말, 청각, 다시마, 파래, 전복, 굴, 꼬막, 홍어, 홍합

인 김, 미역, 파래 등을 통해 비타민과 무기질을 섭취할 수 있다.

3) 식품의 규격

식품 구매시 식품의 규격(형태, 크기, 중량 등)을 알고 주문하는 것은 필수적이다. 특히 가공식품의 경우 허가된 첨가물이 허용 기준치에 맞게 사용하였는지 확인하여야 한다.

시설 기준, 조리인원, 고객의 연령, 조리형태에 따른 식품 등의 규격을 구체적으로 결정하여야 한다. 최근에는 세계 각국에서 여러 형태의 식품 및 가공품이 유입되어 안전성을 고려한 식품 구매가 이루어져야 한다.

4) 식품의 감별 및 저장

1군 식품 감별: 단백질 - 육류, 어패류, 가금류, 난류, 일부 두류

(1) 육류 및 가공품

① 소고기

우육(牛肉)으로 성질이 평하고 맛이 달며 독이 없다. 양질의 단백질과 철분이 풍부하고 지방질이 많이 들어 있다. 특히 필수아미노산을 다량 함유하고 있어 성장기 어린이에게 좋은 영양원이다. 반면 포화지방산이 많아 소화 흡수에 좋지 못하고 콜레스테롤이 많아 고지혈증인 사람은 주의해야 한다. 소고기는 몸을 따뜻하게 하는 작용을 하므로 냉증을 개선시켜 주고 위장의 작용을 도와 설사를 자주하거나 식욕부진인 사람에게 좋은 효과를 나타낸다. 또한 소의 골수는 피를 만들어 내는 기관으로 정력을 보하고 위의 기능을 좋게 한다.

소고기 구입시에는 규격품을 필히 사용해야하고 조리의 용도에 따른 적절한 부위를 사용하여야 한다. 구입시 적갈색을 띄고 결이 곱고 윤기가 있는 것이 좋은 품질이고, 육색이 붉은 기가 적은 것은 맛이 없고 반대로 지나치게 짙은 것은 늙은 소이거나 건강상태가 나쁜 소의 고기일 경우가 많으므로 피하는 것이 좋다. 황소보다는 암소고기가, 늙은 소보다는 어린 소의 고기가 연하고 맛이 좋으며 3~5세 된 것이 비교적 육질이 좋다. 지방은 유백색을 띄고 적당히 연하고 탄력이 있는 것이 좋다. 지방은 희지만 질긴 기름기가 붙은 고기나 수입고기에서 보듯 기름기가 노란 빛을 띄는 것은 좋은 것이 아니다.

한편 국내산인 경우 국내산(한우), 국내산(젖소), 국내산(육우)로 구분하고 수입일 경우 수입육(미국), 수입육(호주산)으로 구별한다. 또한 단체급식소나 음식업체에서는 도축검인으로 원산지를 확인할 수 있는데 한우는 빨간색, 육우는 녹색, 젖소는 파란색으로 찍히니 도축검인을 보고도 명확히 구분 지을 수 있다.

② 돼지고기

돼지고기는 성질이 차고 맛이 달다. 담백한 맛과 부드러운 육질을 가지고 있는 반면 온도가 높거나 습기가 많으면 쉽게 상하여 여름에 주의해서 보관해야 한다. 돼지고기는 기운을 보(補)해주고 대변을 잘 통하게 하며 몸이 여위고 마른기침을 할 때 효과가 있다.

또한 각종 중금속을 해독시켜 배설하는 작용이 있어 몸의 독을 없앤다. 또한 아미노산 조성은 소고기 양고기와 같으나 비타민 B_1의 함량은 소고기에 비해 8~10배가 많다. 돼지고기 내장은 피부를 윤기있게 하고 변비에도 좋은 효

[그림 8-1] 소의 부위별 명칭과 용도

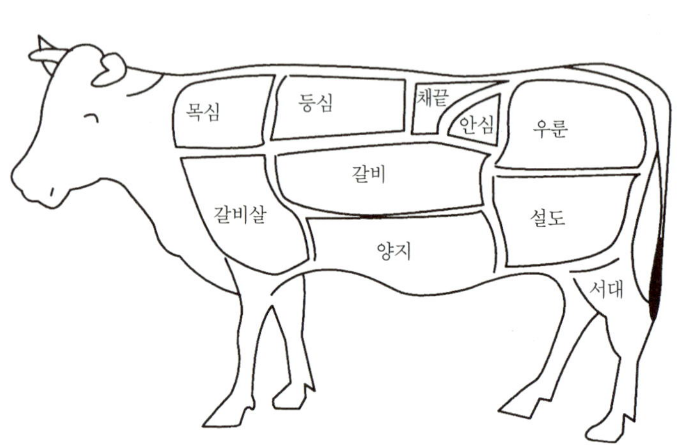

부위	특징	용도	표시방법
안심 (tenderloin)	안심은 채끝살 안쪽 밑에 붙어 있는 가늘고 긴 부위로 운동량이 거의 없어 연하고 소 한 마리당 2%(3~5kg)정도 밖에 얻을 수 없는 최고급 부위이다.	스테이크, 로스구이용	안심살
등심(chuck)	형태도 둥글고 육질도 촘촘한 부드러운 부위로 절단면도 크며 지방이 있는 부위로 풍미도 좋다. 등심은 같은 부위라 하더라도 육질, 육결에 따라 풍미가 다른데 목심 쪽은 질기다.	스테이크, 로스트비프, 샤브샤브, 불고기, 전골	윗등심살, 아래등심살, 꽃등심살, 살치살
채끝 (short loin)	등심이 이어지는 허리부분의 고기로 선홍색의 윤기있는 살과 유백색 지방이 골고루 퍼져있는 부위로 채끝살은 변색이나 감량이 많아서 뼈가 붙은 채로 보관하는 것이 좋다.	스테이크, 로스구이용	채끝살

[그림 8-1] 계속

부위	특징	용도	표시방법
목심(neck)	질긴 부위로 얇게 썰어야 하며 질기지만 지방이 적당히 함유되어 있어 박혀 있어 풍미가 좋다.	스튜, 카레, 국거리	목심살
앞다리(cold)	지방교잡이 되기 쉬운 부위로 외관상 보기가 좋으며 전체적으로 육색이 진하고 풍미가 있다. 고기결은 좋으나 막이 있어 약간 질기다.	육회, 구이, 불고기, 샤브샤브	꾸리살, 갈비덧살, 부채살, 앞다리살
설도(rump)	도가니살, 보섭살, 설깃살 3가지 부위로 구성되어 있고 고기의 질은 우둔육과 유사하며 연하고 맛이 좋으며 육의 절단면도 커서 스테이크용으로 사용할 수 있다.	구이용, 불고기, 샤브샤브, 전골, 육회	도가니살, 보섭살, 설깃살
우둔(round)	둥근 모양의 살덩이로 가운데 부분은 연하고 부드러우며 비육이 잘된 우둔은 구이용 또는 육회 등으로 이용할 수 있다.	산적, 장조림, 육포, 불고기	우둔살, 홍두깨살
사태(shank)	다리의 정강이 부위로 근육이 많고 질기나 엑기스가 듬뿍 들어 있어 진한 맛을 낸다. 지방이 적고 육색이 좋으며 사태 중 가장 큰 근육은 뒷사태에 있는 아롱사태라고 하며 육회용으로 많이 쓰인다.	육회, 탕, 스튜, 찜	아롱사태, 뭉치사태, 앞사태, 뒷사태
양지(brisket)	앞가슴으로부터 복부 아랫부분까지이며, 육질은 질긴 편이나 풍미가 있다.	육수, 국거리, 스튜, 샤브샤브, 카레, 전골, 구이용	차돌양지, 치마살, 업진살, 양지머리
갈비 (rib eye roll)	옆구리 늑골을 감싸고 있는 부위로 늑골은 13대이고 육질은 근육조직과 지방조직이 3중으로 형성되어 있으며 특이한 풍미가 있다.	찜, 구이, 탕	갈비, 마구리, 시갈, 안창살, 제비추리

과를 나타낸다. 특히 돼지 족은 하체를 강하게 하고 산모가 먹으면 젖이 잘 나오는 식품으로 알려져 있다. 식중독의 위험을 방지하려면 마늘과 같이 먹으면 좋다.

[그림 8-2] 돼지의 부위별 명칭과 용도

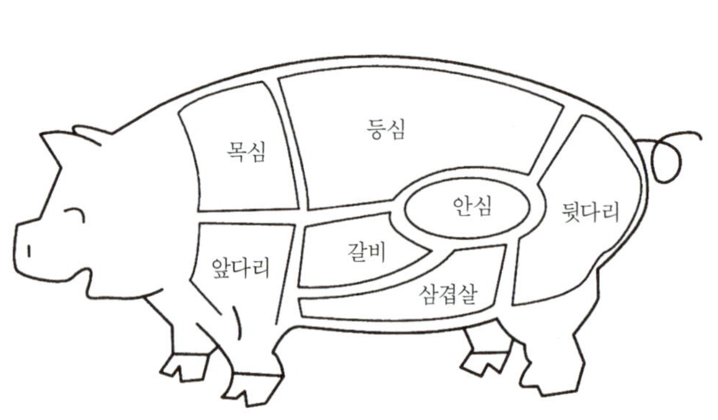

부위	특징	용도	표시방법
안심	허리안쪽 부분에 위치하고 주변에 약간의 지방과 밑변의 근막이 형성되어 있고 육질이 부드럽고 연하다.	구이	안심살
등심	표피쪽에 두터운 지방층이 덮힌 긴 난일근육으로 고기 결이 고운편이다.	불고기, 찌개, 수육(보쌈)	등심살
목심	등심에서 목쪽으로 이어지는 부위로 여러 개의 근육이 모여 있다. 근육막 사이에 지방이 적당히 박혀있어 풍미가 좋다.	바비큐, 불 갈비, 갈비찜	목심살
삼겹살	갈비를 떼어낸 부분에서 복부까지의 넓고 납작한 모양의 부위로 근육과 지방이 삼겹의 막을 형성하며 풍미가 좋다.	구이, 베이컨	삼겹살, 갈매기살

[그림 8-2] 계속

부위	특징	용도	표시방법
앞다리	어깨부위의 고기로서 안쪽에 어깨뼈를 떼어낸 넓은 피막이 나타난다.	폭찹, 스테이크	앞다리살, 사태살
뒷다리	볼기부위의 고기로서 살집이 두터우며 지방이 적은 편이다.	탕수육, 구이, 로스, 스테이크	볼기살, 설깃살, 도가니살, 보섭살, 사태살
갈비	옆구리 갈비의 첫 번째부터 다섯 번째 갈비를 말하며 근육 내 지방이 잘 분포되어 풍미가 좋다.	튀김, 불고기, 장조림	갈비

지방질, 색상, 고기의 결이 구매시 중요한 조건에 해당된다. 색상은 담회홍색인 것이 최상급이고 보기에 결이 곱고 엷은 윤기가 있는 핑크색의 고기이다. 볼기나 어깨 부위는 운동량이 많은 부위의 근육으로 약한 진한 핑크색을 띠는데 지나치게 짙은 것은 늙은 고기이므로 피하는 것이 좋다.

지방의 색깔은 하얗고 질감이 약간 끈끈하여 칼에 묻어나는 정도가 좋으며 또 윤기가 있는 것이 좋다. 노르스름한 색을 띠거나 손으로 눌러보아 탄력성이 없는 것은 질기고 맛이 없으며 고기 결은 곱고 매끈하며 탄력이 있는 것이 품질이 좋은 고기이며 이런 고기는 맛이 연하다.

일반적으로 고기의 결은 운동량이 많은 근육은 거칠고 갈비같이 몸의 중심부분에 가까운 부위일수록 고기의 결이 곱다. 또한 암수 상관없이 웅취(수퇘지 특유의 냄새)가 없는 것을 구입하고 고기 표면에 혈액이 말라붙어 있거나 이물질이 있는 것은 도축시 세척이 불량한 것으로 세균 오염의 위험성이 있으므로 반드시 청결한 상태를 확인하여야 한다.

한편 국내산과 수입은 크게 차이가 나지 않지만 일반적으로 수입육은 국산에 비해 고기의 색이 짙고 냉동육으로 국내에 유통되므로 삼겹살의 경우 끝부분이 잘려져 직사각형 모양을 하고 있거나 오독뼈라고 불리는 늑연골이 없다.

국내산의 경우 삼겹살의 지방층 구조가 거의 간격이 일정하지만 수입육은 일정치 않은 것이 차이점이다.

가공품으로는 햄, 소시지, 베이컨이 있는데 제조 년 월 일을 확인하여 가장 최근에 생산된 것이 좋고, 햄의 경우 절단시 신선하고 탄력이 있으며 육질이 밀착되어 있고 특유의 향과 냄새가 나는 것이 좋다. 소시지의 경우 절단했을 때 담황색이고 향이 육질과 함께 조화를 이루고 있는 것이 좋다. 베이컨은 특유의 훈증된 훈취가 있고, 광택이 있으며 특히 지방이 끈적거리지 않는 것이 좋다.

③염소고기

양육(羊肉), 고양육이라고 하며 성질이 매우 뜨겁고 맛이 달며 독이 없다. 보통 흑염소는 보신 식품으로 잘 알려져 있는데 몸이 차고 추위를 타는 사람에게 허약한 것을 보해주고, 소화기관을 튼튼히 하고, 기운을 돋우어 주므로 강장효과가 있다.

또한 몸속의 피를 보충해주는 보혈작용과 산전 산후의 보혈에도 좋으며 몸이 약해진 폐결핵 환자에게도 좋다. 근육과 뼈를 튼튼히 하고 야맹증, 노년기 시력감퇴에도 효험이 있다.

흑염소는 지질함량이 적은 반면 단백질과 칼슘, 철분 등이 많이 함유되어 소고기 보다 소화가 잘된다. 또한 비타민 E, A가 다량 함유되어 있는 것이 특징이다. 그러나 몸에 열이 많은 사람, 비만한 사람, 심장이 약한 사람은 염소고기를 먹으면 변비, 설사 등의 대장이상이 나타나거나 두드러기가 나므로 주의해야 한다.

④ 개고기

구육(狗肉), 단고기로 알려져 있고, 성질이 따뜻하고 맛은 시면서 짠맛이 있다. 개고기는 질감이 부드럽고 소화가 잘 되며 체력이 약하고 소화기 계통이 약한 사람, 외과수술 후 보신용으로 이용되어왔다.

또 양기를 돋우고 오장을 안정시켜 위장의 활동을 돕고 골수를 충만하게 하며 허리와 무릎을 따뜻하게 한다. 보신용으로는 누런 수캐가 가장 좋으며 음식으로 할 때는 냄새와 독을 제거하기 위해 차조기잎, 들깻잎, 부추를 넣고 끓인다. 그러나 몸에 열이 많은 사람들이 먹으면 좋지 않고, 땀을 많이 흘리게 된다. 따라서 열병을 앓고 난 후 임신 중에도 먹으면 좋지 않다. 개고기는 개장국, 탕, 수육, 전골, 무침 등으로 이용된다.

(2) 어패류 및 가공품

① 어류

생선류의 감별법은 눈이 선명하고 비늘은 광택이 있어 단단히 부착된 것이 좋으며 육질은 탄력이 있고 뼈에 단단히 밀착해 있는 것이 좋다. 또 물에 담갔을 때 가라앉으며 비린내가 나지 않는 것이 신선한 어류이다.

생선의 부패는 장, 아가미 등으로부터 시작된다. 냉동어인 경우 하루 전 냉장실에 넣어 자연 해동시키고, 급할 때에는 비닐로 포장한 상태로 흐르는 물에 담가두면 빨리 녹는다. 생선은 찬물로 깨끗이 씻고, 비늘, 아가미, 내장을 제거

[그림 8-3] 어류의 분류

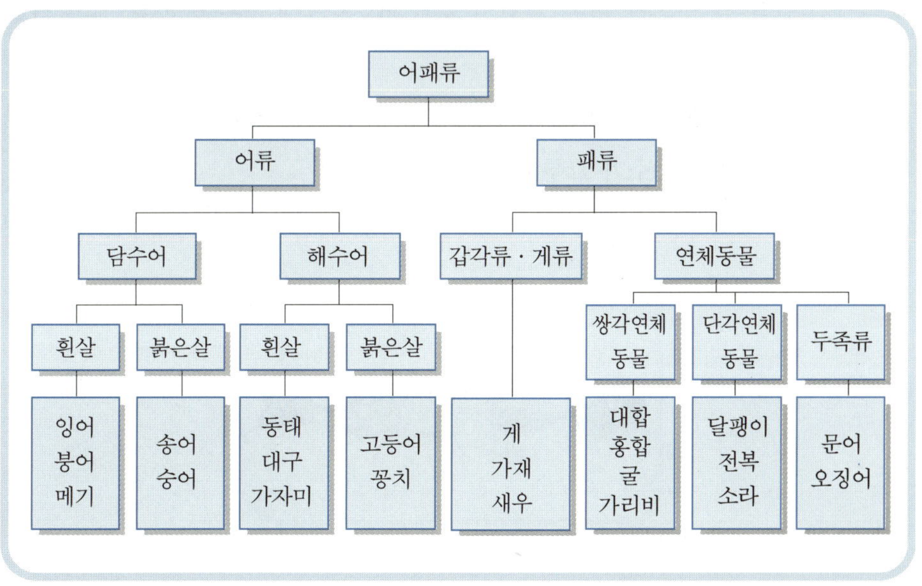

한다. 그런 다음 묽게 탄 소금물로 뱃속을 중심으로 재빨리 씻고 물기를 없앤다. 용도에 맞게 손질하고 생선은 물기가 고이지 않는 그릇에 담아두어 비린내가 나지 않도록 한다.(나무젓가락, 김밥틀, 채반 등을 이용하면 편리하다.)

흰살생선보다 지방이 많은 붉은 살 생선이 변질되기 쉬우며 내장을 제거하여 단기간 저장할 경우는 냉장, 장기간 저장할 경우는 냉동실에 보관한다. 가공품의 경우 염도를 확인하고 제조연월일이 가까운 것을 선택하며 특히 표면이 건조되거나 점질물이 형성되었는지 확인한다.

◈ **명태**

강태, 외태, 북어, 춘태, 외태, 노가리 등으로 불리며 성질은 평하고 맛이 짜며 독이 없다. 조선이 개국한지 250년 후 함경도 관찰사가 초도순시차 명천군을 방문하였다. 마침 배가 고팠던 그는 상에 오른 명태요리를 맛있게 먹고 고기의 이름이 무엇인가를 물으니 그때까지 고기의 이름이 따로 없었다. 그래서 그는 명천군의 명자와 어부 태씨의 성을 따서 '명태' 라 일컫게 되어 지금까지 명태로 불리게 되었다.

명태는 간을 보호해주는 효능이 있고, 명태의 간유성분은 눈에 좋은 효험이 있으며 소변을 잘 나오게 하고 혈변이 있을 때, 콧속에 부스럼이 날 때도 이용하면 효과가 좋다.

명태는 단백질과 칼슘, 인, 비타민 A도 풍부하고 필수아미노산을 비롯해 신체 발육에 필요한 영양소가 고루 갖춰진 생선이다.

명태

◈ **고등어**

고등어, 꽁치, 방어, 정어리 등과 같은 등푸른 생선에는 혈중 콜레스테롤 수치를 내리고 뇌 세포 활성물질인 DHA(13%), EPA(9%) 가 들어 있어 어린이, 노약자, 성인에게 꼭 필요한 식품이다. 특히 성장기 어린이들에게는 신경조직과 두뇌발달에, 노인들에게는 뇌활동을 자극하기 때문에 노인들의 치매예방에 좋은 식품이다.

또한 단백질을 비롯한 지방, 비타민 B_2, 철분 등이 다량 함유되어 있고, 기운과 혈액순환을 좋게 하는 식품으로 동맥경화, 중풍, 고혈압과 같은 성인병 예방에 좋은 효과를 나타내고 어지럼증, 신경성 두통, 변비, 야뇨증인 사람에게도 좋다. 고등어는 가을에서 겨울까지 지질 함량이 높아 맛이 일년 중 가장 좋고, 최근에는 수입산 고등어가 시판되고 있는데 등 쪽에 푸른 무늬가 나타난다.

고등어는 몸이 차고 소화관이 약한 사람들은 많이 먹지 않도록 한다. 구이, 조림, 찜으로 주로 이용한다.

고등어

◈ **은어**

은어는 성질이 평하고 독이 없으며 그 맛이 산뜻하고 담백하다. 은어는 속을 편안하게 하고 위의 기능을 좋게 하며 장의 흡수를 촉진시킨다. 또 소화불량인 사람은 생강을 넣고 죽을 쑤어 먹기도 하고 은어의 내장은 아이의 배탈, 설사에도 좋으며 이질에도 끓여 먹기도 한다. 겉모양은 대구와 흡사하지만 수분이 적고 지질이 많다.

또한 인의 함량이 많아 뼈와 치아의 구성성분이 되며 산과 알칼리의 평형을 유지한다. 은어는 산란전인 여름에 맛이 가장 좋고 회, 소금구이, 튀김, 찌개, 양념구이 등으로 이용된다.

◈ **참치**

다랑어라고도 하고 성질이 평하며 맛이 달다. 오장육부의 기운을 돋우고 허약한 사람들에게 보혈(補血)작용이 있고 기의 순환을 촉진시키며 혈관을 확장시켜 혈소판 응집을 억제하는 등 동맥경화, 중풍, 심근경색 등에 효과가 있다. 특히 DHA성분이 들어있어 성장기 어린이, 노인들에게 뇌활동 자극을 하게 하는 효과를 가지고 있으며 EPA성분을 함유하여 뇌혈전증에 큰 효과를 나타낸다.

또한 양질의 단백질을 비롯한 칼슘, 인, 비타민 A, D 등의 성분도 함유되었다. 구입시 부위별 맛과 질감이 다르므로 용도에 맞게 선택하여 이용한다. 참치는 구입시 유통기간이 표시되어 있고, 다량 구입시에는 냉동제품을 해동하여 사용한다.

◈ **장어**

만리어, 뱀장어, 백선이라고도 하며 성질이 차고 맛이 달다. 그래서 몸에 허열이 있고 쉽게 피곤함을 느끼는 사람, 어린이의 영양실조에 좋은 약이 되는 식품이다.「계신록(稽神錄)」을 보면 장어에 대한 이야기를 소개하고 있는데, 전염병으로 사경을 헤매는 한 여인을 관속에 넣어 강물에 띄워 보냈는데, 이웃 마을의 한 어부가 발견하여 관 뚜껑을 열어보니 아직 살아있어 그 여인을 보고 안타깝게 여겨 매일 장어를 잡아다가 정성으로 먹였더니 서서히 기력을 회복했다고 한다.

장어의 내장은 결핵치료에 좋은 효험이 있다고 알려져 폐결핵 환자에게 탕이나 구이로 이용한다. 또한 1년 중 8월이 비타민 A의 섭취가 가장 부족되기 쉽다는 보고가 있는데 장어에는 비타민 A를 비롯한 지방, 단백질, 칼슘, 인, 철분이 풍부하므로 이 때 섭취하면 몸의 활력을 주는 효과뿐만 아니라 눈의 점막을 강화하고, 감기, 위장병, 저혈압 예방에도 좋은 효과를 나타낸다.

그러나 장어에는 독이 있어 다량 섭취시 문제를 발생하나 주로 가열하여 먹기 때문에 큰 문제는 되지 않는다. 다만 익힌 장어라 해도 많이 먹을 경우 몸이 찬 사람의 경우에는 좋지 않으므로 주의해야 한다.

한편 장어의 피도 정력제라고 하여 소주와 섞어 마시는 사람이 있는데 장어피에는 이크티오톡신이라는 독성이 있어 사람의 눈에 들어가면 결막염, 피부상처에 들어가면 피부염을 유발하므로 주의해야 한다. 또한 소화성이 약하므로 위장이 약한 사람은 조금씩 먹는 것이 좋고 속설에는 장어를 먹고 복숭아를 먹으면 설사를 유발하므로 조심해야 한다고 하였다.

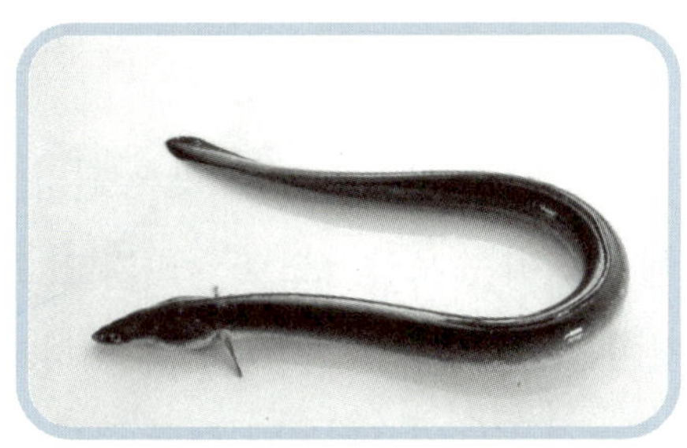

장어

◈ **미꾸리**

미꾸라지라고도 하고 성질이 따뜻하고 맛이 달다. 미꾸리는 체내 효소의 활성화에 도움을 주고 뼈까지 먹음으로 칼슘의 보고이자 스태미너식품이다. 미꾸리는 뱀장어보다 4배의 칼슘과 8배의 철분을 함유하고 있고, 비타민 B_1, B_2의 함량도 뱀장어보다 풍부하다.

흔히 늦여름에서 가을사이에 가장 맛이 좋은 미꾸리는 추어탕, 튀김, 숙회, 무침, 전, 죽 등으로 다양한 형태로 여름철 원기를 돋우고 속을 보(補)해 주는 효과를 나타낸다. 기운이 없을 때 미꾸리 3kg, 생강 1근을 넣어 중탕해서 먹으면 원기를 회복할 수 있다.

한편 미꾸리에서 나오는 끈적끈적한 물질에는 세균이 잘 번식하므로 반드시 조리를 해서 먹어야 하는 반면 미꾸리의 뼈를 갈라 뼈를 발라내고 환부에 붙이면 부기와 통증을 멎게 하는 작용이 있다. 미꾸리에는 비타민 B_1의 분해효소가 들어 있어 절대 날로 먹지 말아야 한다.

미꾸라지는 내장을 따뜻하게 하고 피의 흐름을 좋게 하므로 강장·강정작용이 뛰어나고 빈혈, 치질에도 효과가 있으며 체내 수분을 배출하고, 해독시키는 작용이 탁월하다. 내과적으로는 황달, 당뇨병, 갈증이 나는 사람, 소변이 잘 나오지 않는 사람에게 좋은 식품으로 권장하고, 외용으로는 편도선염, 종기, 중이염에 효과를 나타낸다.

미꾸리는 진흙냄새가 나므로 산채로 소금을 뿌려 해감을 토해내게 하고 바락바락 주물러 미끈거리는 것을 제거한 후 조리한다.

◈ 가물치

동어, 수염, 예어라고도 한다. 성질은 차고 맛은 달다. 예로부터 출산 후 젖이 잘 나지 않는 산모에게 먹이는 보양식으로 알려져 있으나 열이 있고 기가 실한 사람에게는 해될 것이 없으나 기가 약하고 몸이 허하고 찬 사람에게는 무익할 뿐만 아니라 해가 되는 경우가 있으니 주의해야 한다.

한편 부종, 치질, 간염, 각기병, 피부병에는 탁월한 효과를 지니고 있다. 또한 다리에 힘이 없어 빨리 걷지 못하는 사람이 가물치 회를 먹으면 다리에 힘이 생기는 것으로 알려져 있으나 회는 유극악구충의 제2 중간숙주로 근육 속에 피낭유충이 있으므로 날것으로 먹는 것은 삼가는 것이 좋다.

따라서 가물치는 몸이 뜨겁고 열이 있으며 기운이 많은 사람에게 권할만한 식품이다.

◈ 복어

하돈(河豚)이라고도 하며 성질이 따뜻하고, 맛이 달다. 난소, 간, 내장, 피부에 테트로도톡신(tetrodotoxin)이라는 독성이 있어 장기까지 독이 들어간 경우

치사율이 높다. 따라서 이를 제거하고 식용하는데 주로 탕, 구이, 회, 조림, 무침으로 이용된다. 복어에 대한 고사를 보면 중국의 시인 소동파는 복요리를 즐겨 먹었는데 복어 맛은 사람이 한번 죽는 것과 맞먹는 맛이라 하여 극찬하였다. 이집트에서는 복어 껍질로 주머니를 만들어 가지고 다니면 돈을 많이 번다하여 상인들이 이 지갑을 많이 가지고 다녔다고 한다.

복어는 허약한 체질을 보(補)해주고 수분배설을 촉진시키며 허리와 다리의 병과 치질에 많이 이용되었다. 복어껍질에는 콜라겐이 쉽게 젤라틴화 하는 것을 이용하여 약간 데친 후 차게 해서 안주로 이용하며 지느러미는 불에 약간 태운 후 따뜻한 정종에 띄워 마시기도 한다.

까치복어

황복어

② 패류

조개류는 봄에 주로 산란이 시작되므로 맛이 없는 시기이고 겨울철이 맛이 좋다. 무엇보다 입을 벌리지 않고 이취가 나지 않는 것이 신선한 것이고 보관 시에는 묽은 염도를 갖은 물에 보관하는 것이 좋다. 데친 후 사용할 경우에는 물에 담구어 보관하여야 질겨지지 않는다.

◈ **바지락**

껍질색이 서식하는 곳에 따라 다른데 겨울부터 이른 봄 사이에 좋다. 산란기는 6~9월 사이에는 베네루핀(Venerupin)이라는 독성을 갖고 있으므로 주의하여야 한다.

◈ **전복**

여름철이 성수기이며 산란은 11월~2월이다. 수컷은 암컷에 비해 모양은 작지만 살이 오돌오돌하고 회, 초무침에 적당하며 암컷은 육질이 연하므로 죽, 조림, 찜 구이에 이용하는데 전복살 밑으로 칼을 넣어 껍질과 붙어 잇는 부위를 떼고 살이 붙어 있는 내장을 도려낸 다음 소금으로 살짝 비벼 소금물에 담가 놓고 사용한다.

◈ **홍합**

겨울에서 이른 봄까지 성수기인데 껍질을 떼어낸 홍합살을 소금으로 주물러 물에 씻어 내장쪽 검은 실을 제거한다. 홍합은 여름철 삭시토신(Saxitoxin)이라는 독성이 있으므로 주의하여야 한다.

◈ **소라**

겨울에서 봄 사이가 제철이므로 삼월 초순에 맛이 좋은데 조개입이 탄력이 있고 단단하며 묵직한 것이 좋다.

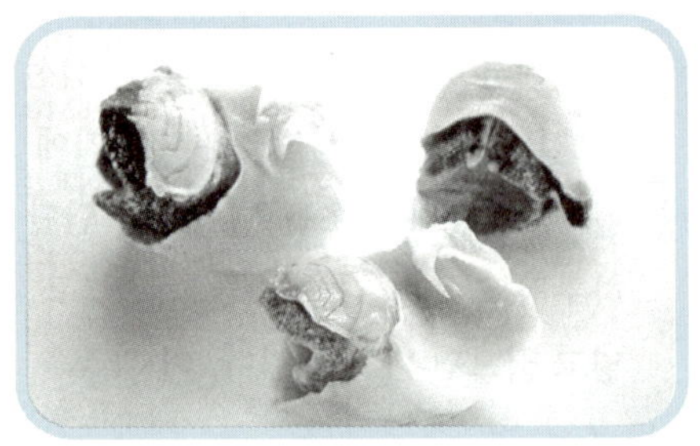

참소라

◈ **대합**

껍질색이 회갈색이고 적갈색의 무늬가 있고 껍질안쪽은 흰색을 띤다. 겨울에서 봄까지 성수기이며 조가비의 입이 꼭 닫쳐 있는 것이 신선한 것이고 두 개를 마주치면 맑은 소리가 나는 것을 고른다. 큼직한 그릇에 물 5C, 소금 2작은술 정도의 비율로 섞은 소금물에 대합을 넣고 어두운 곳에 하룻밤 정도 두면 모래를 토해낸다.

대합

◈ **굴**

한겨울이 성수기 그 외 5~8월 경에는 산란기에는 중독의 위험이 있으므로 먹지 않는 것이 좋다. 석화의 경우 묵직한 느낌이 드는 것을 고르는 것이 좋고 껍질을 까놓은 것은 광택이 있는 유백색으로 통통하며 가장자리 검은 선이 선명한 것이 신선한 것이다. 굴은 소금물로 씻기 전 무즙을 굴에 넣고 가볍게 비비면 무즙이 검게 되면서 굴이 깨끗해진다.

③ 연체류 및 갑각류

◈ **새우**

새우는 살아 있는 것이 좋지만 냉동일 경우 몸이 투명해 보이고 껍질이 단단한 것이 좋은 것이다. 가을이 제철식품으로 크기에 따라 대하, 중하로 나뉘고 특히 민물새우는 새뱅이, 토하라고 한다. 몸의 색깔이 탁한 것은 오래된 것이므로 피하고 껍질을 벗겨 머리를 떼고 파는 것도 선도가 떨어진 것일 우려가 있다. 냉동새우의 경우 표면이 건조되지 않고 색상은 붉은 갈색을 띠고 있지 않은 것을 고른다. 게는 손으로 들어보아 무거운 것, 손끝으로 발을 눌러보아 탄력이 있고, 발이 떨어지지 않은 것이 신선하다.

새우는 정력을 보강하는 식품으로 남성들의 스테미너식으로 잘 알려져 있다.

새우 껍질에는 키토산이 함유되어 콜레스테롤 흡수를 방지하는데 새우 가식부분에는 100g당 164mg의 콜레스테롤이 함유되어 있지만 껍질과 같이 섭취할 경우 그 함량을 낮출 수 있다. 성질이 한쪽으로 치우치지 않고 서늘한 식품으로 정신노동을 많이 하고 스트레스가 심한 사람에게 좋은 식품이다.

새우는 찜, 소금구이, 젓갈(새우젓-오월에 수확하여 담군 새우젓은 오젓, 유월에 수확하여 담은 새우젓은 육젓으로 살이 통통하고 맛이 좋은 것은 육젓을 제일로 친다./토하젓-민물새우 새뱅이를 이용한 젓갈로 밥도둑이라 할 만큼 맛이 좋다.), 탕으로 이용한다.

◈ 오징어

오적어라고도 하며 아미노산의 일종인 타우린이 함유되어 간기능을 도와주며 피를 맑게 하고 생성하며 자궁출혈이나 생리불순을 치료하고 기운순환을 촉진하며 뼈와 근육을 튼튼하게 하는 효능을 가지고 있다.

오징어는 신선한 것은 등 쪽이 흑갈색이고 윤이 나며 몸살이 둥글고 탄력이 있다. 선도가 떨어지면 어두운 적갈색으로 되고 탄력을 잃어 축 늘어진다. 밑손질은 몸통과 내장, 발을 분리시키고 특히 발은 모래가 있으므로 소금으로 문질러 씻은 후 빨판을 칼로 긁어 제거한다.

오징어 눈이 맑고 탄력이 있는 것을 선택하고 이취가 나지 않는 것이 신선한 것이다. 오징어는 볶음, 튀김, 구이, 조림, 젓갈의 형태로 조리한다. 겨울에서 이른 봄이 제철이다.

◈ 낙지

낙지와 오징어에는 콜레스테롤이 많다고 알려져 있지만 나쁜 콜레스테롤을 분해하는 좋은 콜레스테롤이 함께 함유되어 있어 크게 걱정하지 않아도 된다. 낙지는 성질이 차고 맛이 달아 육체적 피로가 심할 때 자양강장식으로 이용가능하고 혈액을 생성하고 간의 신진대사를 좋게 하는 식품이다. 낙지볶음, 연포탕, 찜, 젓갈 등으로 이용된다.

◈ 게

성질이 차고 맛이 짜며 담백하다. 게는 몸의 열기가 많은 사람의 열을 식혀 주어 마음을 편안하게 하고 종기예방 치료에도 도움을 준다. 산후에는 생리장애를 치료하고 타우린 성분이 함유되어 간 기능 강화에도 좋다. 특히 어혈을 불어주어 뼈가 상한사람이나 인대가 상한사람이 체력이 약할 때 치료되도록 도와준다.

게는 경북 울진에 영덕대게, 서해안의 꽃게, 털게 등이 이용되고 있으며 게를 찔 때에는 껍질이 바닥에 놓여 배가 위로 향하게 쪄야 맛성분이 유출되는 것을 막을 수 있다.

늦가을에서 초봄까지가 맛이 좋으며 게껍질은 육수 끓일 때 이용하면 시원한 맛을 준다. 구입 시에는 살아있는 게를 선택하고 빠른 시간 내에 조리한다.

(3) 가금류 및 가공품

가금류는 사람이 식용으로 사용하기 위하여 사육되어지는 모든 종류의 조류를 말하는 데 지방이 피하에 있고 근육층이 적기 때문에 담백하고 연하며 가격이 저렴한 단백질 공급원으로 이용되고 있다. 종류로는 닭, 오리, 거위, 꿩, 메추리, 칠면조, 비둘기 등이 있다.

① 닭고기

닭고기는 잡은 직후 즉 신선한 것일수록 맛이 좋은데 쇠고기나 돼지고기처럼 숙성기간을 둘 필요는 없다.

닭고기의 색은 담황색이고 윤기가 있고, 살찌고 탄력이 있는 것일수록 좋으며 고기와 껍질사이에 적당한 지방질이 붙어 있는 것이 좋은 닭이다. 사육기간은 1년 이하 짜리가 연하고 맛이 있는데 고기의 색이 전체적으로 흰 것은 피하고 껍질이 제대로 붙어 있고 썬 단면이 흐트러지지 않고 윤기가 있는 것으로 구입한다.

한 마리를 통째로 구입할 경우 가슴이 통통하고 살집이 좋은 것을 고르며 털 뽑은 뒤 껍질이 투명하고 엷은 황색의 것이면 신선한 것이다. 가슴뼈 끝을 만져보아 연골상태로 연한부분이 많을수록 어린 닭이고 육질도 연하다.

닭고기는 수분이 많아 다른 육류에 비해 변질되는 속도가 빠르므로 냉장/냉동 보관해야하고 사용하고 남은 것은 조미료에 재워 보관한다. 통째로 구입할 경우 내장을 제거한 다음 냉장고에서 2~3일 정도 보관가능하고 내장은 따로 포장하여 분리 보관하여야 한다.

닭에는 살모넬라 식중독 균에 감염되기 쉬우므로 손질과 요리하는 과정에서 위생적으로 다루어져야 하고 구입한 후 바로 조리하며 냉장저장 할 때에는 1~2일간 −18℃ 이하로, 냉동일 경우에는 더 오래 저장이 가능하다.

1kg의 닭을 한 마리 사서 손질하면 다릿살(지방과 단백질이 조화를 이루어 쫄깃한 육질) 230g, 가슴살(지방이 매우 적어 맛이 담백하고 근육섬유로만 되어 있어 육질이 연한 살코기) 200g 가슴안살 30g, 날개(콜라겐성분이 다량 함유되어 고소한 맛이 난다) 70g, 내장(근위, 모래집, 날개끝, 닭발) 100g, 껍질(지방이 다량 분포된 부위) 90g 정도 얻을 수 있다.

◈ **닭의 부위별 조리**

통닭은 삼계탕, 백숙, 구이용으로 이용하고 1.3kg 이하인 4~5개월 정도 된 영계를 사용한다.

[그림 8-4] 닭고기 부위별 명칭

다릿살은 근육의 색이 짙으며 가장 맛이 좋은 부위로 모양이 좋아 뼈와 함께 조리하며 구이, 튀김, 조림, 찜요리에 이용한다.

가슴살은 지방이 적고 담백한 살코기 부위로 볶음, 무침, 냉채, 튀김에 이용된다.

날갯살은 살은 얼마 되지 않지만 맛이 좋아 구이, 조림, 튀김요리로 이용된다. 발, 목뼈는 고아서 육수를 만드는데 이용한다.

간은 소고기 간보다 연하며 맛은 좀 떨어지지만 냉수에 30분 정도 담가 피를 빼고 튀김, 구이, 볶음에 이용된다. 염통은 심근으로 구성되어 씹히는 맛이 좋으므로 구이, 볶음에 이용된다. 모래주머니는 위의 근육질 부분으로 안쪽 주름이 있는 주머니를 오물과 함께 제거한 다음 호. 볶음, 구이, 조림에 이용한다.

② 오리고기

오리는 오장육부의 기운을 고르게 하고 소변을 잘 배설하게 한다. 머리가 파란 오리가 약효가 좋고 늙은 오리일수록 몸에 좋다. 어린것은 독을 함유하고 있으므로 주의해야 한다. 많이 먹으면서도 살이 찌지 않는 사람, 입이 마르고 성격이 급하면서 쉽게 지치는 사람, 당뇨, 소변을 잘 보지 못하는 사람에게 좋은 영양식이 된다. 민간에서는 중풍예방을 위해 먹기도 하는 데 다리가 차고 설사를 자주하는 사람이 먹으면 좋지 않다.

한편 오리알(백압란, 압자, 압단)은 달걀크기와 무게의 약 2배 정도 된다. 불포화지방산의 함량이 많고 불포화지방산이면서 필수지방산인 리놀산과 아라키돈산을 다량 함유하고 비타민 E, 레시틴도 다량 함유되어 있다.

특히 레시틴은 지방을 유화시켜 분사하여 심장박동의 부담을 덜어주고 기침을 할 때 좋은 효과를 보인다. 목이나 이가 아플 때 가슴이 답답하고 등이 자주 결릴 때도 효과적이다.

오리알은 고혈압과 중풍예방에 좋으며 노화방지 및 각종 성인병 예방에 도움이 된다. 그러나 몸이 찬 사람이 먹으면 설사 증상이 나타나고 어린이가 많이 먹으며 하체가 약해질 우려가 있다.

오리는 11월부터 이듬해 3월까지 추운 겨울이 제철이다. 살은 붉은 색을 띄고 지방은 피하가 많으며 부드럽고 풍미가 있어 꿩과 함께 새고기 중에 가장 맛있는 것으로 친다.

오리는 도살 후 소금을 뿌려 냉장보관하거나 시원한 곳에 매달아 두었으며 1주일 정도 보관한다. 길쭉한 것이 좋고 몸통이 짧고 살찐 것은 맛이 없다. 살이 단단한 것, 털이 잘 뽑히지 않는 것, 항문 부분이 깨끗한 것이 신선하다. 오리는 오리밥, 전골, 국, 전, 잡탕, 불고기 등의 요리로 이용되고 있다.

(4) 달걀류

① 달걀

달걀은 가격이 저렴하고 우수한 단백질 급원 식품으로 널리 이용되고 있다. 달걀의 구조는 껍질, 껍질막, 노른자, 노른자막, 기실, 알끈으로 구성되어 있으며 흰자에는 단백질이, 노른자 부위에는 지질이 많이 함유되어 있다. 노른자에는 레시틴이라는 천연 유화물질이 함유되어 있어 성장기 어린이, 노인들에게 좋은 식품이다.

달걀 구입시 감별법은 껍질이 까칠까칠 하며 흔들어 보아 소리가 나지 않

[그림 8-5] 달걀의 구조

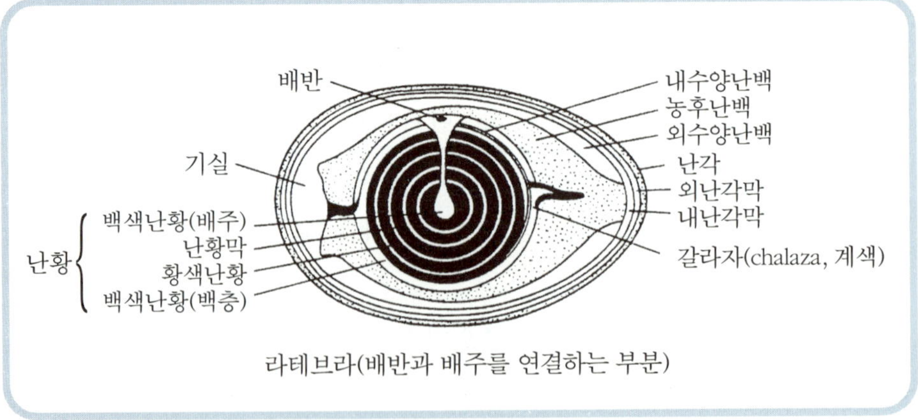

고, 불빛에 비추어 보아 투명하며 소금물에 담구었을 때 바닥에 가라앉는 것이 신선하다. 깨뜨렸을 때는 노른자나 그 주위의 흰자가 선명하며 탄력성을 갖고 있는 것이 신선한 것인 반면 흰자나 노른자가 퍼지면 오래된 달걀이다. 생선, 양파와 같은 향이 강한 재료와 같이 두면 그 냄새를 흡수하므로 냉장고 속에서 2주일 동안은 보관할 수 있다.

달걀의 크기에 따라 특대란(68g), 특란(60~68g), 대란(52~60g), 중란(44~52g), 소란(44g)으로 시판되고 있다. 또한 껍질의 색에 따라 백옥(白玉), 적옥(赤玉), 엷은 적옥, 청옥으로 나뉜다. 백옥은 소비가 가장 많은 알로 깃털이 흰백색인 레그혼종의 알이고, 적옥은 알껍질이 갈색인 것으로 깃털이 붉은 닭이 산란한 것이다.

영양적으로는 백옥과 큰 차이가 없다. 엷은 적옥은 백옥계의 다산성과 적옥계의 강건성을 목적으로 개량된 백색 닭의 알이다. 따라서 알 껍질이 엷은 적색을 띄어 '핑크란' 이라고 알려져 있다. 청옥은 칠레가 원산인 야생닭 알로 카나와 백색의 레그혼의 교배종 알로 껍질에 푸른 빛이 띄기 때문에 붙여진 이름이다.

② 오리알

오리알은 고혈압과 중풍예방에 좋으며 노화방지 및 각종 성인병 예방에 도움이 된다. 그러나 몸이 찬 사람이 먹으면 설사 증상이 나타나고 어린이가 많이 먹으면 하체가 약해질 우려가 있다.

(5) 두류 및 두부 제품

콩은 단백질이 뛰어난 식물성식품으로 전분질이 많이 함유된 강낭콩, 완두콩에 비해 대두와 같은 콩이 단백가가 높다. 더불어 잘 건조되고 이물질이 없고, 색이 선명하며 콩알이 크고 작지 않게 고른 것이 좋은 품질의 것이다. 콩을 이용한 가공품으로 두부는 콩을 갈아 만든 제품으로 순두부, 경두부, 연두부로 나누어지며 냉장고에서 2일을 넘지 않도록 해야 한다.

2군 식품 감별: 칼슘 – 우유 및 유제품

(1) 우유

유즙, 젖이라고도 하며 성질이 차고 맛이 달다. 우유는 단백질과 칼슘이 풍부한 완전식품으로 혈중 콜레스테롤을 저하시켜 동맥경화를 예방하고 위벽을 보호해 준다. 또한 비타민 B_2의 함량도 많다.

우유를 먹으면 설사하는 사람이 있는데 이것을 유당소화장애라고 하며 이것은 장속의 유당 분해효소가 없기 때문에 우유를 천천히 씹는 것처럼 마시면 소화능력이 회복된다. 또한 우유는 피부를 윤택하게 하는 효과가 있다.

우유는 완전식품으로 유백색의 불투명한 액체로 감미와 함께 풍미를 가지고 있다. 우유의 성분은 소의 품종, 우유의 채취시기, 사료, 환경, 소의 나이 및 건강상태에 영향을 받는다. 신선한 우유는 물 컵 속에 우유를 한 방울 떨어뜨렸을 때 구름 같이 흩어지며 가라 앉아 퍼져나가는 것이 좋은 품질의 것이다.

우유를 구입할 경우 뚜껑 개봉여부, 우유팩의 팽창여부를 확인하고 구입한다.

(2) 유제품

① 치즈

치즈는 우유, 양유, 염소젖 등을 유산균이나 응유효소로 응고시켜 얻은 응유(curd)를 유장(whey)과 분리시킨 후 미성숙 치즈로 만들거나 응유를 가온, 가압, 가염 등의 공정을 거친 다음 유용한 박테리아, 세균, 곰팡이 등을 이용하여 일정한 온도와 습도를 갖춘 장소에서 일정기간 발효, 숙성시킨 제품이다.

치즈는 단백질, 칼슘, 비타민 A, D, E, K, B군이 다량 함유되었고, 미네랄 성분은 우유의 8010배 농축되어 있는 고급제품이다.

치즈를 만드는 제조법 특히 숙성과정, 물, 기후, 온도 등에 영향을 받아 독특한 풍미의 치즈를 생산한다. 치즈는 굳기에 따라 초경질, 경질, 반연질, 연질치즈로 분류한다. 우리나라 치즈 산지로는 전라북도 임실이 있다.

- **초경질치즈**: 수분함량이 낮아 딱딱하기 때문에 분말로 사용할 수 있으며 대표적인 치즈로는 로마노, 파마산치즈 등이 있다.
- **경질치즈**: 가장 많이 이용되고 수반함량이 30~42%이고 조직이 단단하다. 박테리아로 숙성시키고 체다, 구다, 에담, 에멘탈, 그뤼 치즈 등이 있다.
- **반연질치즈**: 치즈의 경도가 경질과 연질의 중간을 띄고 수분함량이 38~45%이며 박테리아 곰팡이로 숙성시키며 브릭, 림버거 등이 있다.
- **연질치즈**: 숙성을 하지 않거나 단기간 동안 박테리아나 곰팡이로 숙성시키며 수분함량이 40~60%정도 이고 저장성이 낮으므로 단시간 이용하여야 한다. 대표적인 치즈로는 까망베르치즈, 브릭치즈, 모짜렐라 등이 있다.
- **특수치즈**: 제조원료, 제조공정이 일반적인 치즈와 다르며 가공치즈, 콘치즈, 유청치즈, 양념치즈, 김치치즈 등이 있다.

② 요구르트

요구르트의 주성분은 유산균으로 정장작용을 하므로 변비나 설사에 효과가 있다. 도한 혈중 콜레스테롤을 낮추고 몸의 면역기능에 도움을 주어 어린이나 노약자가 먹으면 좋은 식품이다. 요구르트는 유통기간을 확인 후 구입하여 냉장보관하고 사과, 알로에, 클로렐라, 복숭아, 밤 등이 첨가된 요구르트가 다량 생산되고 있다.

3군 식품 감별: 비타민과 무기질 – 해조류, 채소류, 과실류

(1) 해조류

◈ 김

12월~3월 까지 가장 좋으며 마른 김은 광택이 있고 흑갈색으로 빛을 향해 투시하면 파랗게 보이는 것이 좋다. 향내 좋은 것을 고르며 갈색이 도는 것, 지저분한 것, 뻣뻣하고 두께 두께가 고르지 못한 것은 피한다. 햇볕에 쬐면 변색

하고 향기가 없어지므로 어두운 곳에서 보관한다.

◈ **다시마(昆布)**

7월 중순~9월 상순에 채취하며 살이 두텁고 광택이 있는 것이 상품이다. 다시마는 튀각이나 맛국물, 조림에 이용한다. 조리 전 손질은 물에 씻지 말고 물에 적셔서 꼭 짠 행주로 모래를 닦아낸다. 물로 씻으면 다시마의 맛이 빠지며 미끈한 액이 나와 손질하기가 어렵게 되므로 주의한다.

◈ **미역(곽)**

이른 봄에 채취한 것이 상품이며 일반적으로 3~6월경에 채취한다. 생미역은 선명한 녹색에 반투명한 것이 좋고 마른 미역은 심이 가늘고 광택이 있는 것이 좋다. 마른 미역은 불리면 10배 정도 불어난다.

(2) 채소와 버섯류

◈ **연근(蓮根)**

가을에서 겨울에 출하되는 것이 제철이다. 가늘고 긴 연근은 질기고 맛이 없으므로 통통하고 짧으며 곧고 껍질에 상처가 없는 것을 고르는데 8~9월에 나오는 햇연근보다 겨울철의 것이 더 맛이 좋으니 겨울에 구입하여 조림이나 튀김으로 이용한다.

◈ **표고버섯**

3~5월, 9~10월 봄, 가을이 제철인데 특히 봄에 나는 것이 향기가 짙고 맛이 좋다. 표고버섯은 뒷면이 하얗고 깨끗하게 주름이 져 있고, 살이 두툼하며 줄기가 짧은 것이 좋은 것이다. 갓이 너무 펴져 있지 않은 것, 수분을 적당히 머금고 있는 것을 선택하여야 한다.

건조품의 경우에는 충분히 건조되어 있는 것으로 윤기가 있고, 표면이 곱고 짙은 황갈색이 도는 것을 선택하여 전골, 국, 볶음, 조림, 찜, 고명 등에 이용할 수 있다. 마른 표고버섯을 우린 물은 찌개 국물로 이용할 수 있다.

◈ **팽이버섯**

콩나물 모양으로 갓이 작고 백색을 띠고 있다. 가을부터 겨울이 제철이며 뿌리가 짙은 갈색으로 변했거나 말라있는 것은 오래된 것이므로 피하고 수확 후에도 성장을 계속하므로 시간이 지나면 품질이 저하된다. 씻어두면 색이 변하고 물러지므로 사용 직전에 손질한다. 또한 너무 지나치게 가열하면 향이 없어지고 질겨지므로 단시간에 조리한다.

◈ **양송이버섯**

갓이 두껍고 탄력이 있으며 광택이 있는 것이 좋다. 신선도가 떨어지는 것은 갈색이고 미끈미끈하며 썰어보면 미끈미끈하다.

양송이버섯은 끓는 물에 살짝 데쳐 수분을 제거한 다음 사용하기도 하는데 즉석에서 도톰하게 썰어 이용하는 것이 색과 모양이 좋다. 전골, 볶음, 튀김에 이용할 수 있다.

◈ **목이버섯**

크고 갈라지지 않는 것을 선택한다. 미지근한 물에 불린 후 밑뿌리는 잘라내고 조리한다. 건조한 목이버섯을 불리면 약 10배로 불다. 볶음, 전골, 고명, 찜요리에 이용된다.

◈ **송이버섯**

9월 중순에서 하순까지 성수기이며 갓이 반쯤 퍼진 상태로 둥글고 매끄러우며 탄력이 있는 것을 선택한다. 검은 빛이 돌지 않고 줄기는 통통하고 벌레 먹은 자국이 없는 것이 상품이다.

조리시 밑 뿌리는 깍듯이 잘라내고 갓이나 줄기가 상하지 않게 깨끗한 헝주로 모래흙을 닦아내고 엷은 소금물에 조심스럽게 씻어 낸다. 향이 좋은 버섯이므로 풍미를 살릴 수 있도록 찜, 산적, 맑은장국, 밥, 전골에 이용한다.

◈ **부추**

전라도에서는 솔, 충청도에서는 졸, 경상도에서는 정구지라고 불린다. 성질이 따뜻하고 맛이 맵다. 간과 신장의 양기를 보(補)하고 혈액순환을 원활히 하며 지혈, 살균작용을 한다. 위의 열을 제거하고 위장을 튼튼하게 하여 이질이나 구토에 사용하였고, 당뇨병에도 탁월한 효능을 나타내고, 남자의 정력에도 좋은 식품으로 알려져 수양하는 사람들에게 금기시 하는 식품으로 알려져 있다.

부추에는 알리신(allicin)이라는 성분을 가지고 있어 비타민 B_1의 흡수를 돕는다. 또 허리와 무릎을 덥게 하고, 몽정, 소변에 정액이 섞여 나오는 증상에도 이용되어 왔다.

따라서 허약한 것을 보(補)하는 기능과 더불어 가슴이 답답한 증세, 담이 결렸을 때에도 목에 가시가 걸렸을 때 어혈을 풀 때 사용한다.

뿐만 아니라 식체로 설사가 날 때는 된장국에 부추를 넣어 먹으면 좋고, 구토가 날 때는 부추 즙에 생강즙을 넣어 마시면 효과가 있다. 부추에는 카로틴, 비타민 B_1, B_2, C 등과 칼슘, 칼륨과 같은 무기질도 풍부하다.

보통 부추는 무침, 장아찌, 나물, 전, 죽, 김치, 강회, 떡(구채떡)으로 조리해 이용된다. 부추를 구입할 경우 무르지 않고 잎이 푸르며 광택이 나는 것이 좋은 품질의 것이다.

◈ **파**

총백(蔥白)이라고도 하며 정확히는 파의 흰부분을 지칭하는 말이다. 성질은 따뜻하고 맛은 맵다. 그러나 파의 파란 부분은 찬 성질을 가지고 있어 같이 먹으면 중화시키는 작용을 한다. 파는 감기에 걸렸을 때 많이 이용하는 데 열이 나면서 머리, 배가 아프고 대소변이 정상적으로 나오지 않을 때 쓴다.

특히 감기에는 파의 뿌리부분까지 이용하여 달여 먹으면 추위를 몰아내고 열을 풀어주어 혈액순환을 촉진시킴으로 몸을 따뜻하게 하여 한기(寒氣)를 몰아낸다.

또한 파는 위장의 기능을 돕고, 흥분을 가라앉히는 효과를 가지고 있다. 한편 민간에서는 파의 속껍질을 피가 나는 곳에 붙여 지혈하기도 하였고, 아이들이 홍역에 걸렸을 때도 이용하였다.

구입시에는 광택이 있고 부드러우며 굵기는 고르고 건조되지 않은 것으로 뿌리에 흰색이고 잎이 싱싱해야 한다. 파를 이용한 음식은 파김치, 파산적, 파장아찌, 파전, 파찬국(총냉탕), 파 겉절이, 파강회 등이 있다.

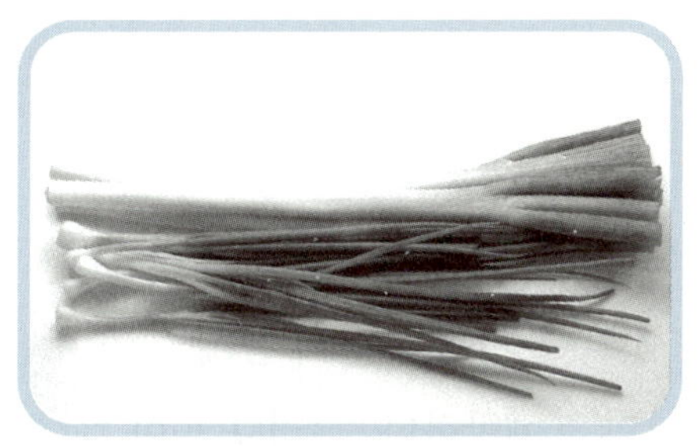

대파와 쪽파

◈ **마늘**

대산(大蒜)이라고도 하고 성질이 따뜻하고 맛이 맵다. 육류와 곡식의 소화를 돕고 해독작용이 있다. 마늘은 단군신화에 등장할 만큼 오랫동안 이용된 식품임을 알 수 있다. 이집트의 피라미드 벽면에도 노동자들에게 마늘을 먹여 체력을 유지시켰고, 머리가 아프고 목이 부을 때 사용하였다는 기록이 남아 있을 만큼 강정식품으로 알려져 있다.

한국인에게 있어서 마늘은 종자, 잎, 속대까지 조리에 이용되는 식품이다. 마늘의 주성분은 알리신인데, 이 성분은 항균력이 높아 결핵, 디프테리아, 장티푸스, 이질, 임질 등을 일으키는 균에 대해 저항성을 갖게 하고 자궁수축작용, 고혈압, 동맥경화, 백일해, 감기 등에도 좋은 효과를 나타내고 있다.

또 마늘의 성분 중 스코르디닌이라는 성분은 세포를 재생시키고 항암작용도 한다. 또한 따뜻한 성질이 신체 신진대사를 원활히 하고 몸을 따뜻하게 하여 손발이 차고 아랫배가 찬 사람이 복용하면 좋은 효과를 나타내고, 위액의 분비를 촉진하며 혈중 콜레스테롤 수치를 낮추는 역할을 하여 중풍, 고혈압, 동맥경화에 탁월한 효능을 나타낸다.

뿐만 아니라 살충효과가 있고 위장의 기능을 강화시켜 곽란과 복통을 치료하며 피로회복에도 효과를 나타낸다. 그러나 몸에 열이 많아 눈, 혀, 목, 입등에 염증이 자주 나타나는 사람은 과량 섭취하는 것은 금물이며 과량 섭취하면 피부가 붉게 변하고 화끈거리며 심한 경우 수포형성과 간(肝)을 상할 수 있으므로 주의한다. 마늘을 이용한 음식은 마늘장아찌, 마늘종 볶음, 산적, 마늘잎장아찌 등이 있다.

◈ 배추

배추에는 비타민 C와 식물성 섬유가 풍부하고 칼슘, 철분, 카로틴 등이 많이 들어 있다. 배추는 서늘한 성질이 있어 몸에 열이 많은 사람의 소화를 돕고 변을 잘 보게 하여 결장암을 예방한다. 그러나 몸이 차서 만성적으로 설사를 하는 사람은 날로 먹지 않는 것이 좋다.

배추는 속이 꽉 차고 흰 줄기 부분에 광택이 있는 것이 좋은 것이다. 이러한 배추는 술 마신 후 생기는 갈증을 멎게 하고, 류마티스, 피부병에도 이용된다. 또 외용으로는 화상시에 즙을 내어 바르는 경우도 있다.

한편 배추씨에는 시타핀, 루틴이 있으며 씨기름에는 에루코산 배당체가 있다. 이 기름은 머리카락을 자라게 하고 금속제품에 바르면 녹이 슬지 않는다고 한다. 구입 시에는 고랭지에서 재배된 것을 선택하되 무겁고 잎이 조밀한 것이 좋다.

배추

얼갈이 배추

◈ 생강

생강(生薑)은 새앙이라고도 하며 성질이 따뜻하고 매운맛을 가진다. 그러나 껍질의 성질은 차서 보통 조리 시에는 벗기고 사용한다. 생강은 뱃속을 따뜻하게 하여 위장의 기운을 튼튼히 하고 혈액순환을 좋게 한다.

또한 구역질을 멈추고, 팔다리가 마비되었을 때 효과가 있으며 혈중 콜레스테롤을 강하시킨다. 한방에서 생강은 주로 감기약과 보약을 지을 때 사용되고 있는데 땀을 나게 해서 열을 내려주고, 보약을 달일 때 생강 3쪽과 대추 2개를 넣어주면 보약의 흡수를 돕고 약 기운을 강하게 한다고 하여 널리 이용되고 가래가 있으면서 기침이 나고 숨이 찰때, 이질 하혈 등에도 효력을 나타낸다.

조리 시에 생강을 넣으면 비린내와 누린내를 없애고 특히 생선회를 먹을 때 생강을 먹어주면 생선의 독성을 없애주어 식중독을 예방하는 효과를 지닌다.

그러나 생강을 장기간 섭취할 경우 눈 질환을 앓을 수 있으므로 적당량 섭취하는 것이 좋다. 생강을 이용한 음식으로는 생강단자, 차, 정과, 편, 강분다식, 연강정과, 강분죽이 있다. 구입 시에는 무르지 않고 단단한 것이 좋은 품질의 것이다.

◈ 미나리

수근(水芹)이라고도 하며 성질은 차고 맛은 달다. 술 마신 뒤 열독을 풀고, 대소변을 잘 나가게 하며 간 기능에 좋은 효과를 가지고 있어 미나리와 당근을 갈아먹으면 간 기능이 좋아진다는 속설이 있다.

미나리의 찬 성질은 갈증을 멎게 하고 소변을 잘 보게 하며 여성의 대하증, 주궁출혈, 변비 등에도 탁월한 효능이 있으며 식욕을 돋우고 장운동을 활발히 한다.

미나리에는 독특한 향기성분이 캄펜, 베타피넨, 미리스틴 등이 들어 있고 혈압강하, 해독작용과 고혈압, 동맥경화, 황달에도 효과적이다.

조선 숙종 때 인현왕후와 장희빈을 빗대어 '미나리는 사철이고, 장다리는 한철이다' 라고 했듯이 미나리는 사계절 모두 식용가능하고 오신채(五辛菜)라

하여 봄철 식욕을 증진시키기 위해 먹은 채소 중 하나이다. 이러한 미나리는 주로 생채, 김치, 나물, 초대, 강회, 찜 등에 이용된다.

미나리

돌미나리

◈ **상추**

상추는 성질이 차고 맛은 쓰다. 상치 속에는 비타민 A, E가 다량 함유되어 있어 피부미용에 좋고, 피를 맑게 한다. 상추를 많이 먹으면 잠이 오므로 신경과민이나 불면증에 좋은 효과를 가진다.

한방에서는 근육과 뼈를 보강하고 오장육부의 기능을 통하게 하며 가스의 기운이 뭉쳤을 때 그 기운을 풀며 혈액을 통하게 하고 치아를 하얗게 한다.

신장에도 좋은 효과를 지니고 상치 잎이나 상치대를 자르면 유즙이 나오는데 이것은 산모에게 젖이 잘 나게 하는 효과를 지닌다. 그러나 성질이 차므로 몸이 찬 사람과 설사를 자주 하는 사람이 먹으면 배가 차가워지고 몸의 기운이 약해지며 냉이 생긴다.

◈ **호박**

남과(南瓜)라고도 하며 성질이 따뜻하고 맛이 달다. 조선시대 서민의 구황(救荒)식품으로도 알려져 있는 호박은 비타민 A, C가 다량 함유되어 야맹증, 거친 피부, 눈의 점막보호, 당뇨에 효과가 좋다고 알려져 있다. 또한 구충효과도 있고, 감기로 기침, 가래가 있을 때도 이용되었다. 뿐만 아니라 출산 후 산모들의 부종을 빼기 위해 자주 이용된 식품이다.

호박의 당분은 소화흡수가 잘되어 위장이 약하고 회복기 환자에게 좋은 식품이고 호박씨는 레시틴과 필수아미노산이 다량 함유되었으며 암세포가 자라는 것을 막아주며 폐암도 예방하는 것으로 알려져 있다. 그러나 찬 성질을 가지고 있어 몸이 차거나 소화기관이 약한 사람은 다량 섭취하지 않는다.

호박을 이용한 음식으로는 호박고지떡, 늙은 호박김치, 호박감정, 호박선, 호박만두, 지짐이, 찜, 범벅, 화채 등 다양한 요리로 이용되어 왔다. 상처가 없고 호박 고유의 색을 지니고 단단한 것이 좋다.

◈ 동아

동과(冬瓜)라고도 하며 성질이 차고 맛이 달다. 박과의 덩굴식물로 호박과 그 모양이 비슷하고 표면에 털이 있고 익으면 흰 가루가 앉아 맛이 좋다. 동과는 소변을 잘 보게 하고 부기를 빼는 작용이 있고 차가운 성질로 여름철 더위 먹었을 때 효과적이다.

사포닌 성분이 있어 기침을 자주하고 가래를 자주 뱉는 사람에게도 좋으며 허리, 무릎, 다리에 힘이 없어 고생하는 사람, 잠을 깊이 자지 못하는 사람에게 좋은 식품이다.

또한 대변을 잘 보게 하는 반면 몸이 찬 사람이 많이 먹으면 마른다. 동아를 이용한 요리로는 만두, 섞박지, 선, 정과 등이 있다.

◈ 오이

황과(黃瓜), 호과(胡瓜)라고도 하며 성질이 차고 맛이 달다. 오이는 체내 노폐물과 나트륨을 배출하여 고혈압, 신장병환자에게 좋은 식품이고, 신진대사를 활발하게 하고 피로를 풀어준다.

찬 성질과 비타민 C를 다량 함유하여 목이 마르고 부어 아플 때 가슴이 답답하거나 여름철 더위를 먹었을 때 이용하는 식품이다. 땀띠, 화상, 종기에도 오이 즙을 바르면 열을 뺏는 효과를 나타낸다.

오이는 소주를 마실 때 넣어주면 소주 맛도 좋고 덜 취하며 숙취에서 빨리 깨어난다. 그러나 배가 차고 설사를 자주 하는 사람은 먹지 않는 것이 좋다. 오이를 이용한 음식은 생채, 장아찌, 김치, 깍두기, 무침, 냉국, 오이숙 장아찌, 오이 비늘김치 등이 있다. 가시가 있고 단단하며 색이 선명한 것이 좋다.

◈ **도라지**

길경(桔梗)이라고 하며 성질이 약간 따뜻하고 맛이 매우 쓰다. 길경은 호흡기 질환에 탁월한 약재로서 도라지속의 사포닌은 기관지의 분비기능을 항진시켜 가래를 삭히고 목이 아플 때, 급성, 만성 편도선염, 기관지염, 화농성 기관지염, 인후염에 사용되는 식품이자 약재이다. 갑작스런 오한이나 더위를 느낄 때 이용되기도 한다.

조리시 도라지는 쓴맛을 빼기 위해 소금을 넣어 주무른 후 사용하지만 도라지 볶음과 같이 흰 색깔을 유지할 때는 식초를 약간 넣어 주무르면 쓴맛도 빠지며 더욱 하얗게 된다. 도라지를 이용한 음식은 도라지생채, 구이, 무침, 정과 등이 있다.

(3) 과실류

◈ **배**

배는 성질이 차고 서늘하며 맛은 달고 시다. 몸에 열이 많은 사람이 가슴속의 번열을 내려주고 목이 마르고 갈증 날 때 효과적이다. 또한 이뇨작용과 숙취에 효과적이며 기침과 담을 없애주어 오랜 기침에도 사용된다.

배에는 해열작용이 있어 목이나 폐의 염증을 가라앉히는 작용에서 감기나 편도선염 등으로 목이 아플 때에도 효과적이다.

조리시 배는 연육제로서 이용되어 고기의 조직을 부드럽게 하고 콜레스테롤을 용해시키기 때문에 고기를 재울 때 이용한다. 보통 생즙을 마시거나 달여 먹는 데 배잎은 버섯중독일 경우 효과를 내며 배나무 껍질은 부스럼, 옴, 문둥병 치료에 이용되었다.

그러나 속이 찬 사람이 과량 섭취할 경우 소화불량, 설사를 일으키므로 소화력이 약한 사람이나 임산부는 많이 먹지 말아야 한다. 구입시 상처가 없고 무르지 않은 것이 좋고 산지로는 나주, 조치원 등에서 생산되는 것이 좋다.

◈ 사과

임금(林檎), 내금, 문림랑, 능금이라고도 하며 성질이 따뜻하고 맛이 시다. 사과는 소화기관을 정상화 시켜 변비, 소화불량으로 고생하는 사람이 먹으면 효과를 본다.

사과는 몸의 기력을 도와주고 혈액순환을 왕성하게 할 뿐만 아니라 식욕을 억제하는 효과가 있어 비만한 사람에게도 좋은 과일이며 순환기계통을 튼튼하게 하여 심폐기능을 좋게 하여 혈압을 낮추는 효과도 있다. 사과에는 각종 당류뿐만 아니라 유기산, 펙틴, 비타민C와 미네랄이 풍부하다.

특히 사과산과 펙틴이 많아 변비에 효과적이며 갈증과 이질, 두통에 효과적이다. 그러나 몸이 뜨겁고 열이 많아 물을 자주 마시는 사람이 많이 먹으면 몸에 열이 나고 가래가 생긴다.

주로 생과일 형태로 이용하나 정과, 한과, 떡, 소스 등에 이용하기도 한다. 대구, 충주, 예산, 장수 등에서 생산된 것이 품질이 좋고, 상처가 없으며 단단하고 아래쪽부터 노랗게 또는 붉게 물 들은 것이 좋으며 향이 짙은 것이 맛이 좋다.

◈ 살구

육행이라고도 하며 살구씨는 단맛이 나는 감인이라고 하여 식용하고 쓴맛이 나는 행인(杏仁)은 약용한다. 살구의 성질은 약간 따뜻하고 맛은 시고 달며 약간 독이 있다. 살구는 대장의 운동을 촉진하여 변비를 예방하고 유기산이 많고 회분 비타민 A가 다량 함유되었다.

살구씨에는 아미그달린이라는 청산 배당체가 약 3%함유되어 있는데 이것은 기침을 멈추고 가래를 삭혀주는 작용을 하고, 피부를 하얗고 윤기 있게 한다. 그러나 오후가 되면 얼굴과 가슴위로 열이 오르는 사람, 기침을 자주하고 설사를 자주하는 사람은 다량 섭취를 피해야 한다.

이것은 신맛이 강해 몸에 열이 자주 오르는 사람이 많이 먹게 되면 정신이 흐트러지고 뼈를 상하게 하기 때문이다. 살구는 생과일, 떡, 잼, 가루 내어 떡, 과자, 케이크 등에 이용된다.

◈ **포도**

포도는 성질이 평(平)하고 맛이 달다. 포도당이 많고, 칼슘, 철분, 칼륨이 많은 알칼리성 식품이다. 포도는 원기회복을 하고 바이러스나 충치, 암세포증식을 억제한다. 또한 소화불량, 만성 호흡기질환에도 효과적이며 포도나무뿌리는 이뇨효과, 신경통, 관절통에 효과적이며 잎은 부종과 입덧이 심할 때 효과적이다.

또한 건포도는 철분이 많아 빈혈 증세를 개선시키고, 포도씨는 강장제로 이용한다. 그러나 많이 먹으면 설사를 유발하고 열을 발생시켜 갑자기 눈이 어두워지는 증상이 나타나게 된다.

◈ **매실**

오매(烏梅), 훈매라고도 하며 성질이 따뜻하고 맛이 시다. 신맛은 폐기운을 순환시켜 설사를 그치게 하고 새소, 기침, 목이 붓고 아픈 증상에 좋은 효과를 나타낸다.

또한 갈증을 그치게 하고 입맛이 없어 밥을 먹지 않는 아이에게도 식욕을 촉진시킨다. 매실을 말려 검은 색이 되면 오매라고 하고 소금에 절여 하얗게 만든 것을 백매라고 한다. 매실은 숙취나 멀미에도 효과가 있고 간장의 기능을 활성화시킨다.

매실은 유기산이 많아 생식하기는 어렵지만 강한 살균성과 해독작용이 있어 여름철 식중독을 예방할 수 있다. 그러나 매실의 신맛과 떫은맛은 강해 몸에 열이 많고 감기에 걸렸을 때는 먹지 말아야 한다. 위산과다증인 사람도 삼가야 하며 덜 익은 매실에는 아미그달린이라는 청산 배당체가 있으므로 주의해야 한다.

◈ 모과

모과는 성질이 따뜻하고 맛이 시며 독은 없다. 모과는 뼈와 힘줄을 튼튼히 하고 무릎이 아파 오래 길을 걷지 못하는 사람, 근육이 저리고 아픈 사람에게 이용하는 식품이자 약으로 가래를 없애고 기침을 그치게 하여 만성기관지염, 인후염 등에도 사용한다. 또 설사를 오래해 배가 뒤틀리고 수분이 부족할 때도 이용된다.

모과의 과육은 이와 뼈를 상하게 하기 때문에 많이 먹지 말아야 한다. 그러나 목이 아픈 증상이 있을 때에는 모과차가 좋다. 모과차는 오래 끓이면 탁해지므로 약한불에서 서서히 끓여 마신다.

구입 시에는 상처가 없고 모양이 좋으며 색은 노란색을 띄는 것이 좋다.

(4) 견과류

◈ 호도

호도는 그 모양이 머리모양과 같다하여 호두라고도 하며 성질이 따뜻하고 맛이 달며 고소하고 독이 없다. 호도는 호흡기계통이 약한 사람들에게 약이 되는 식품으로 만성기관지염, 천식, 기침, 가래가 심한 사람들에게 좋은 효과를 가진다. 평소에 장이 약해서 설사를 자주하고 식사 후 반드시 대변을 보는 사람들이 먹으면 장이 튼튼해진다.

또한 남자에게는 보양(補陽)식품으로 여자에게는 미용식으로 어린이와 노인에게는 뇌 활성 식품으로 혹은 머리를 검게 하는 효과가 있고 특히 추위를 많이 타는 사람이 호두를 먹으면 추위를 이길 수 있다.

외용약으로는 종기, 독충에 물렸을 때, 탈모증에 이용되며 과량을 섭취하게 되면 눈썹이 빠지거나 풍(風)증이 유발되므로 주의해야하고 몸에 열이 많은 사람 역시 많이 먹지 않는다.

호도기름은 독이 있어 기생충을 죽인다. 조리시 호두 껍데기를 깔 때는 미지근한 물에 불려 이쑤시개로 제거하고, 호도음식은 호도정과, 호두과자, 호도 장아찌, 봉수탕 등이 있다.

호도는 잘 건조된 상태의 것을 선택하고 서로 문질러 보았을 때 부딪히는 소리가 맑은 것이 좋다. 천안지방이 산지로 알려져 있다.

◈ **잣**

해송자(海松子), 백자라고도 하며 성질 이 따뜻하여 오장육부를 튼튼히 하고 호흡기계통에 탁월한 효능을 나타낸다. 만성기관지염, 가래, 천식, 해수, 노인성 변비, 중풍, 피부미용에 좋다.

또 질환 후 밥맛이 없을 때 잣죽이나 녹두죽을 쑤어 보양식으로 이용되었다. 비타민 B군과 E, 철분, 불포화지방산인 리놀레산, 리놀레인산의 함량이 많다. 그러나 과량섭취하면 지방이 많이 배탈이 날 우려가 있고 소화기관이 약한 사람은 너무 먹지 않는다. 껍질을 까서 보관할 때에는 공기가 들어가지 않도록 하는 것이 산패를 방지한다.

산지로는 경기도 가평이 유명하다.

◈ **밤**

율자(栗子), 율과라고도 하며 성질이 따뜻하고 맛이 달아 위장을 강화시켜 주어 먹어도 허기가 지는 사람들에게 좋은 식품이 된다. 밤은 당질, 단백질, 지질, 비타민, 미네랄이 골고루 갖추어진 완벽한 식품으로 병을 앓은 사람이나 유아에게 적합한 식품이다. 비타민 C의 함량도 많은데 껍질이 두꺼워 조리하여도 파괴되지 않아 겨울철 비타민 C의 급원이 되고 있으며 비타민 B_1의 함량은 쌀의 4배나 된다.

특히 밤은 근력을 강화시키고 발육기에 있는 어린아이나 하체가 약한 사람에게 아주 좋다. 속껍질에는 탄닌 성분이 많아 설사를 그치게 하고, 부기를 내리게 하여 물렁살을 빠지게 한다.

속껍질에 꿀을 넣어 얼굴에 바르면 주름이 빠진다고 하고 생선뼈가 목에 걸렸을 때 목에 속껍질을 태워 가루로 만들어 넣으면 생선뼈가 쉽게 내려간다고 한다.

배탈, 설사가 잦고 땀이 많은 사람에게도 좋다. 특히 비만한 사람들의 기운을 회복하게 하므로 다이어트 치료에 이용되는 식품이다. 밤은 오장육부를 튼튼히 하여 몸을 보(補)하고 적당히 먹으면 피부가 윤이 나고 고와진다.

조리시 밤을 구울 때는 속까지 익히지 않는데 이는 속까지 익으면 기운순환이 약해져 기를 막게 되기 때문이다. 변비가 있고 열이 많은 사람은 많은 양을 먹지 않는다.

밤을 이용한 음식으로는 율란, 암죽, 군밤, 밤초, 경단, 다식, 단자, 밤밥, 엿, 장아찌, 묵, 주악, 신과병, 율추숙수 등이 있다. 벌레가 먹지 않고 알이 크며 윤택이 나는 것이 좋으며 특히 공주지방의 밤이 유명하다.

◈ **대추**

대조(大棗)라고도 부르며 성질이 따뜻하고 맛이 달며 독이 없다. 위장을 보호하고 옛부터 자손의 번식을 뜻하는 과실의 대명사로 알려져 강장, 원기회복, 이뇨, 신경쇠약, 빈혈, 식욕부진, 부인냉병에 효과적으로 이용되어 왔다.

특히 몸이 차고 소화기관이 약한 사람은 항상 복용하는 것이 좋고 노화를 예방하고 피부를 곱게 하며 신경안정제와 같은 역할을 한다.

그러나 몸이 따뜻한 사람 혹은 변비 환자가 대추를 많이 먹게 되면 오히려 위장의 기능이 손상되므로 좋지 않다. 생대추에는 비타민 C함량이 60mg이나 들어 있다. 가을에 수확한 대추잎을 달여 마시면 고혈압 치료에 효과가 있고, 만성기관지염에는 대추나무 껍질을 가루 내어 먹으면 효과가 있다.

대추를 이용한 음식은 대추고, 주악, 초, 인절미, 경단, 단자, 죽, 차, 떡, 약편 등이 있다.

충청북도 보은지방, 경상북도 경산대추가 유명하다.

구입시에는 알이 크고 짙은 단내가 나며 잘 건조되어 있고 벌게 먹지 않고 무르지 않은 것이 좋다. 대추를 이용한 요리를 할 경우에는 씨를 제거하여 사용한다.

4군 식품 감별: 당질 – 곡류, 감자류, 일부두류

◈ 쌀

쌀은 보통 멥쌀을 지칭하는 말로 경미 혹은 갱미(粳米)라고도 한다. 성질이 평(平)하고 그 맛이 달(甘)면서 담백하여 지구의 절반 이상의 인구가 주식으로 하고 있는 곡물이다.

벼를 도정하여 쌀겨층을 제거하면 백미가 되고 겉껍질만 벗기면 무기질과 비타민이 풍부한 현미가 된다. 쌀에는 오리제닌(oryzenin)이라는 단백질이 있고, 배아에는 비타민 B_1과 지방을 함유하고, 현미유에는 자율신경 기능의 안정을 꾀하는 올리자놀이라는 물질이 있어 자율신경실조증이나 노이로제를 예방한다.

멥쌀의 약리효과로는 갈증과 설사를 낫게 하고 뜨거운 밥은 종독(腫毒, 종기의 독)을 다스리는 효과가 있어 종기에 붙이게 되면 종기가 빠진다. 또한 쌀뜨물은 갈증을 멎게하고 소변을 배출하는 작용을 한다.

◈ 찹쌀

찹쌀은 나미, 나도미라고도 하고 성질은 차고 맛은 달다. 소화기가 약하고 몸이 찬 사람과 선천적으로 기운이 약한 사람의 기운을 보강해 주는 식품이다. 땀이 많고 설사가 잦은 사람, 위가 약해 속이 거북한 사람에게 좋은 효과가 있으며 볶아서 먹으면 설사를 그치게 하고 떡으로 먹으면 노인의 요실금에 효과가 있다.

한편 오래된 찹쌀의 성질은 뜨겁게 되어 몸에 열이 많은 사람이 다량의 찹쌀을 지속적으로 섭취하게 되면 소화를 하기 어렵게 된다. 찹쌀의 쌀뜨물은 갈증을 멎게 하고 해독하는 작용이 있다.

◈ 밀

밀은 보통 밀가루의 형태로 이용되고 있는데 밀가루는 소맥분이라 하고 참밀, 진맥이라고도 한다. 밀은 갈증을 제거하고 이뇨작용을 한다. 밀가루의 성질은 차고 맛이 달며 국수로 만들게 되면 그 성질은 더 차갑게 된다. 밀가루 음식을 좋아하는 사람은 몸에 열이 많은 경우이고 반면에 밀가루 음식을 싫어하는 사람의 대부분이 몸이 찬 경우가 많다. 그러므로 몸이 뚱뚱하고 땀을 많이 흘리는 사람에게 좋은 음식이라 할 수 있다.

밀가루는 쌀에 비해 열량이 더 높고, 글리아딘과 글루테닌이 결합한 글루텐이라는 단백질을 함유하여 점성을 나타내 쫄깃쫄깃한 질감을 준다.

한편 거칠게 빻은 밀가루는 대변 소통을 원활하게 하고 결장암을 방지하지만 정제된 하얀 밀가루는 오히려 대변 소통을 나쁘게 하여 변비의 원인이 되고 결장암의 원인이 되기도 한다. 또 밀가루를 지나치게 많이 먹으면 게실증의 원인이 되기도 한다.

따라서 몸이 찬사람이나 소화장애가 자주 나타나는 사람, 대변이 묽은 사람들은 다량 섭취하는 것을 피하여야 한다.

중국에서는 밀이 기를 높인다고 하여 신경안정, 기력증진, 노이로제, 히스테리, 불면, 식은땀, 입이나 목이 타는 증세에 효과가 있는 것으로 알려져 있다.

◈ **보리**

대맥(大麥), 모맥(牟麥)이라하고 성질은 따뜻하고 맛은 짜다. 보리에는 식이섬유의 양이 쌀에 비해 3배 이상 많이 함유되어 혈중 콜레스테롤 수치를 낮추고 대장의 기능을 활발하게 한다.

주성분은 당질이고, 단백질, 지질, 비타민 B_1, B_2, 무기질이 풍부하다. 보리는 조직이 거칠고 끈기가 적어 쌀보다는 씹는 횟수가 많음으로 타액분비가 활발해져 단맛이 나고 소화흡수도 잘된다.

병을 앓고 난 뒤 체력이 저하되었을 때 팥과 함께 죽을 끓여 먹기도 하여 성장기 어린이의 발육에도 좋은 식품이며 비만, 당뇨병 환자에게도 권할 만한 좋은 식품이다.

보리의 싹을 틔운 것을 맥아(麥芽)라고 하는데 이것은 발아한 씨앗을 말린 것으로 한방에서는 위를 편안하게 하고 소화를 도우며 체했거나 설사에도 이용한다.

소변배설과 수종을 다스리고 오장육부를 튼튼히 하는 작용을 한다. 그러나 산모에게 있어서는 젖을 말리는 작용을 함으로써 금기시 하지만 젖을 말릴 때는 식혜를 만들어 먹으면 좋은 효과를 나타낸다.

◈ **팥**

일명 적소두(赤小豆)라고도 하며 성질이 평하고 맛이 달고 시다. 팥은 각기병에 좋은 효험을 나타내는 것으로 알려져 있는데 이것은 팥 속에 비타민 B_1이 다량 함유되어 있기 때문이다.

따라서 임금님 수라상에도 올린 홍반이라는 팥밥을 먹게 되면 쌀을 주식으로 하는 사람에게 부족 되기 쉬운 비타민 B_1을 보충할 수 있게 되고 피로도 풀어주는 효과를 나타내게 된다.

또한 팥은 소변을 잘 보게 하는 이뇨작용, 부기를 치료하고 만성 신장염이나 비만한 사람의 혈액순환 장애를 도와주며 황달이나 종기에도 사용한다.

팥에는 사포닌이 약 0.3% 함유되어 있고 섬유질과 결합하여 대변을 잘 보게 하는 효과를 나타내기도 하고, 신장병, 심장병에도 좋은 효과를 나타낸다.

팥은 겉껍질에도 영양소가 풍부하고, 비타민, 칼슘, 인, 철분, 식이성 섬유 등이 다량 함유되어 있다.

또 해독작용이 뛰어나 체내 알코올을 빨리 배설시킴으로 숙취를 완화시켜 주고 위장을 부드럽게 하여 음주 후 팥죽을 권하여도 좋을 듯하다. 그 밖에 외용으로 사용되기도 하는데 팥은 소염작용이 있어 팥가루를 무즙으로 반죽하여 환부에 바르면 곪는 상처나 고름이 빠지게 된다.

◈ **메밀**

일명 교맥(蕎麥), 화교, 담교, 녹제초라고도 하고성질이 차고 맛이 달다. 메밀은 장과 위를 튼튼하게 한다. 설사, 곽란, 딸꾹질, 장이 자주 뭉치는 증상이 있는 사람, 열이 많아 가슴이 답답하고 변이 굳은 사람에게 좋은 식품이다. 따라서 종기나 화상을 입은 사람이 자주 먹으면 열감이 없어지고 기운이 난다.

메밀에는 루틴(rutin)이라는 플라보노이드계 성분이 함유되었는데, 꽃, 종자, 메밀대, 잎 등에 고루 분포되어 있다. 이 성분은 혈관을 강화시켜 동맥경화, 고혈압, 당뇨병에 탁월한 효과를 나타내고 있다. 그러나 많은 양을 오래 먹게 되면 풍(風)이 와서 현기증을 유발시킬 수 있으므로 주의해야 한다.

또 메밀가루에는 단백질이 12.5% 함유되어 있고, 곡물에 부족한 필수아미노산과 비타민 B군, 특히 비타민 B_2가 다량 함유되어 쌀이나 보리보다 높은 함량을 가진다.

메밀은 서양에서는 가루로 내어 케이크, 과자, 빵에 첨가하여 먹고, 동양에서는 주로 면의 형태로 우리나라에서는 떡, 묵, 면으로 이용되고 있다.

◈ 율무

의이인(薏苡仁), 의주자라고도 하고, 성질이 차고 맛은 달고 담백하다. 옛날부터 율무를 먹여 키운 말들은 몸이 날렵하고 강해서 병이 들지 않아 천리를 하루에 달려도 피로를 느끼지 않는 다고 하였다. 그래서 선천적으로 비만한 사람이 율무를 오랫동안 먹으면 몸이 새처럼 가벼워진다고 한다.

율무는 위장을 보호하고 몸의 습기를 없애주는 식품으로 비만, 동맥경화, 심장병, 지방간에 좋은 효과를 보인다. 또한 최근에는 율무 추출물이 종양을 억제하는 물질인 코이키소에노라이드, 티로신이 발견되어 항암 효과가 있는 것으로 나타났다. 그러나 예로부터 임산부가 먹게 되면 살이 찌는 것을 막아 태아가 제대로 성장하지 못해 먹는 것을 금해왔다.

◈ 옥수수

옥촉서(玉蜀黍), 강냉이라고도 하고 전 세계적으로 재배되고 있다. 주성분은 당질이며 단백질로는 제인(zein)과 지방이 다량 함유되어 기름으로 많이 이용되고 있다.

옥수수의 단백질은 불완전 단백질이므로 주식으로 할 경우 트립토판이 부족하게 되어 나이아신 부족증인 페라그라(pellagra)라는 피부병을 유발시킨다. 따라서 발육상태를 나쁘게 할 수 있다.

반면 옥수수 씨눈에는 올레산, 리놀레산 등의 불포화지방산을 함유하여 콜레스테롤 수치를 낮추고 피부의 노화와 건조를 방지한다.

한방에서는 옥수수수염을 사용하는데 이뇨효과가 뛰어나 이것을 달여 꾸준히 먹으면 신장병, 당뇨병, 급성 늑막염, 급성 · 만성 방광염, 요도염, 황달, 간염, 고혈압, 방광결석, 담석증에 좋은 효험을 나타낸다.

◈ 대두

흰콩으로 알려진 대두는 성질이 평하고 맛이 약간 달다. 단백질과 지방이 풍부한 대두는 식물성 식품 중 "밭에서 나는 소고기"라고 일컬을 정도로 그 영양가가 풍부하다. 특히 비타민 E 뿐만 아니라 필수지방산인 리놀렌산이 함유되어 혈관벽의 콜레스테을 없애주고 동맥의 노화방지, 중풍예방, 심장의 관상동맥순환을 정상화시키는 효과를 나타낸다.

또한 인슐린의 수치를 낮추어 당뇨병 환자에게 좋은 효과를 나타내고, 비만, 숙치에도 효과가 있다. 특히 대장의 기능을 원활히 하고 대소변의 소통을 정상화시키기도 한다. 구안와사(풍으로 입이 돌아간 증상), 팔다리의 마비 증상에 콩 삶은 물을 진하게 하여 물엿처럼 달여 마시기도 한다.

콩에는 단백질 소화를 방해하는 트립신 인히비터(trypsin inhibitor)가 있어 가열하면 파괴되어 소화율을 높이지만 그대로 섭취시 암과 당뇨병을 예방한다.

유화물질인 레시틴(Lecithin)이 함유되어 노화를 억제하고, 비타민 B군이 풍부하여 에너지대사를 활발하게 하고 피로를 회복시켜주는 효과를 나타나게 한다. 뿐만 아니라 칼슘함량도 많아 성장기 어린이나 노인들에게 좋은 식품이 된다.

민간에서는 감기에 걸렸을 때 혹은 숙취예방을 위해 콩을 발아시킨 콩나물(대두황권;大豆黃卷)을 이용해 비타민 C와 아스파라긴산을 섭취한다. 그밖에도 두부, 두유, 유부, 콩가루의 형태로 이용되고 있다.

◈ 강낭콩

백편두라고도 하고 성질이 평하고 맛이 달고 담백하다. 강낭콩은 이뇨효과가 있어 몸에 부기가 있을 때 이용하기도 하고 자양강장 및 밥맛이 없을 때 식욕을 돋구어 특히 여름철에 부족되기 쉬운 단백질을 보충해 준다.

강낭콩은 전분이 많아 단맛이 나고 소화가 잘되어 영양식으로도 좋다. 또한 비타민 A, B_1, B_2, C 뿐만 아니라 칼슘, 아미노산, 라이신이 다량 함유되었다.

강낭콩의 꼬투리에는 인슐린의 구성소가 되는 아연이 함유되어 쥬스로 이용하면 당뇨환자에게 좋은 효과를 나타낸다.

◈ 토란

토란은 9~10월에 생산되며 표면에 묻은 흙을 수세미로 문질러 털어낸 다음 껍질을 길이로 깎는다. 이때에는 점액질이 나오는데 소금으로 문질러 씻을 수 있고 식초 물에 담가두었다 사용하거나 쌀뜨물에 삶아서 조리한다. 토란탕, 찜으로 이용할 수 있다.

5군 식품 감별: 지질 – 종자류, 식물성 유지류, 동물성 유지

◈ 참깨

참깨는 호마(胡麻)라고 하여 성질이 따뜻하지만 참기름은 마유(麻油)라 하여 성질이 차다. 또한 해독작용이 뛰어나고, 참기름에는 고소한 향미성분이 세사몰이 함유되어 있고 구입시 이물질이 없으며 입자가 고른 것이 좋으며 볶을 때 약한불에서 서서히 볶아 이용하는 것이 좋다. 강정류, 양념, 기름으로 쓰인다.

◈ 흑임자

호마인(胡麻仁), 거승(巨勝)이라고도 하며 맛이 달다. 부스럼과 종창을 낫게 하고 볶은 흑임자는 근력은 튼튼히 한다. 이물질의 혼입이 없고 빛이 검은색으로 윤택이 나며 입자가 크지 않고 고른 것이 좋은 품질의 것이다.

◈ 들깨

임자(荏子)라고도 불리며 성질이 따뜻하고 맛이 매우며 독이 없다. 강장효과가 있고 변비를 예방하며 머리가 하얗게 되는 것을 막아주며 산모에게는 유즙분비를 촉진시킨다.

들깨기름에는 불포화지방산을 함유하고 있어 동맥경화 및 고혈압의 예방과 치료에 좋은 효과를 가지고 있을 뿐만 아니라 철분과 DHA, EPA성분이 많아 성장기 어린이의 두뇌활동을 촉진시키고, 노인들에게는 뇌 활동을 원활하게 하여 치매예방에 좋은 식품이다.

회를 먹을 때 같이 섭취하면 식중독을 예방하고 항암작용도 있으며 위점막을 보호해 위궤양과 위염환자에게 유익하며 간 기능을 좋게 하는 효과가 있다. 또한 기운을 내려 기침과 갈증을 멎게 해 주며 피부를 윤택하게 한다. 들깨를 이용한 음식은 들깨죽, 강정, 엿 등이 있다.

5) 가공식품의 감별

(1) 토마토 가공품

(2) 통조림 및 병조림

통조림이나 병조림 제품은 간편성, 보존성, 다양성의 의미를 갖는 인스턴트 식품이다. 일반적으로 인스턴트식품이란 조리냉동식품과 같이 조리한 형태의 것을 지칭하고 구입시 반드시 유통기간을 확인하여야 한다.

통조림은 하단에 주로 원료의 종류, 조리형태, 제조회사명, 제조년월일이 표시되어 있으므로 이것을 확인하여야 한다. 통조림은 탈기→밀봉→살균→냉각의 4대 공정을 거치는데 제조 공정상 탈기가 부족할 경우, 플리퍼(flipper)는 탈기부족시 나타나고, 플랫샤우어(flat sour)는 겉모양은 보통의 통조림과 같지만 개봉 후 신맛이 나며 변질되어 있는 경우로 주로 과일 통조림에서 잘 나타난다.

스프링거(springer)는 밀봉시 과다한 양이 투입된 경우를 말한다. 따라서 통조림의 모양이 부풀어지지 않고 일정한 모양을 갖는 것을 선택한다.

[그림 8-6] 통조림의 표시

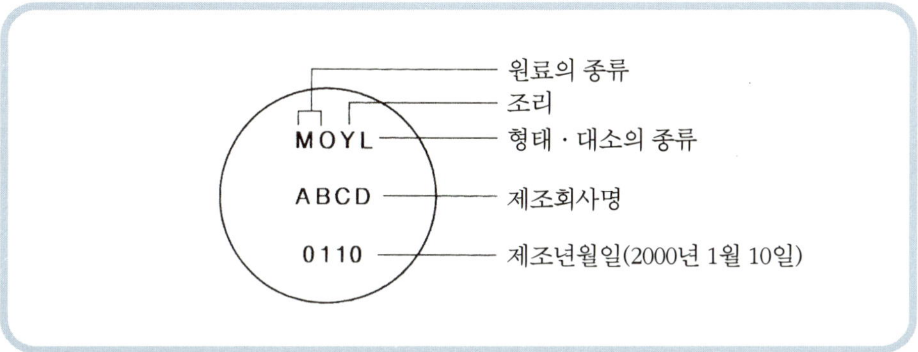

(3) 인스턴트 제품과 즉석밥

인스턴트 제품은 간편하고 보관, 이동이 편리하며 빨리 섭취할 수 있는 장점이 있어 사발면, 일반 라면, 우동, 떡볶이, 스프, 커피, 스파게티, 레토르트 포우치 등의 형태의 제품을 구입시에는 제조연월일, 혹은 유통기한을 확인하여야 하고 구입되어야 하고 특히 라면의 경우 수분함량이 14%이하로 잘 보관되어졌는지를 확인한다.

주요 식품 유통 경로

1. 유통 경로의 의의

유통이란 제품을 고객에게 전달하는 것으로 유통경로는 소비자나 사용자에게 제품이나 서비스의 흐름을 가능케 한다. 다시 말하면, 유통 경로란 생산자로부터 최종 소비자에게로 이동되는 과정에 관련되는 중간상들의 집합을 말한다.

2. 유통 경로의 형태

(1) 생산자 – 소비자

생산자로부터 소비자에게 직접 판매되는 형태로 가장 단순한 유통 경로이다. 공장에서 직접 판매하거나 통신을 통하거나 또는 직영 소매점을 통해 직접 판매하는 형태이다.

(2) 생산자 – 소매상 – 소비자

소비용품이 제조업자로부터 직접 백화점, 연쇄점 협동조합 등의 대규모 소매상에 판매되어 소비자에게 이르는 형태이다.

(3) 생산자 – 도매상 – 소매상 – 소비자

소비용품이 가장 많이 이용되는 유통 형태이다.

(4) 생산자 – 대리상 – 도매상 – 소매상 – 소비자

농산물에 많이 이용되는 경로로 생산품이 계절적이고 소량이어서 독립된 판매부문을 가질 수 없어 취하는 경로이다.

3. 식품의 유통제도

(1) 정부 주도형

정부가 유통 조직을 의도하는 방향으로 유도하기 위해 직·간접으로 유통에 개입하여 강력한 영향력을 행사하는 형태이다. 일본, 동남아시아국가, 대만, 한국이 이러한 유통 제도로 운영된다.

(2) 마케팅 보드형(Marketing board)

마케팅 보드가 모든 농산물 유통을 품목별로 관리 운영하는 형태로 농산물의 수급 균형을 유지하고 가격을 안정시키고 판로의 공동 개척을 하는데 그 목적이 있다. 호주, 뉴질랜드, 캐나다 등 주로 영연방국가에서 운영된다.

(3) 민간 주도형

민간 기업의 활동을 최대한 보장하면서 시장 원리에 의해 농수산물을 유통시키는 형태이다. 정부는 독점 가격 방지와 경쟁가격유지 소비자 보호에 관한 규제를 법률로써 실시할 뿐이며 직접 유통에 관여하지 않는다. 미국이 대표적인 예이다.

(4) 혼합형

앞에서 설명한 형태를 적절히 혼합한 형태로 서부 유럽의 여러나라가 이 유통 제도로 운영된다. 정부는 사회간접 자본으로 인식하고 유통 시설을 적극 지원하고 그 외의 것은 개별 기업의 자유 경쟁이 최대한 보장된다.

4. 식품 품목별 유통경로

[그림 9-1] 미곡의 유통 경로

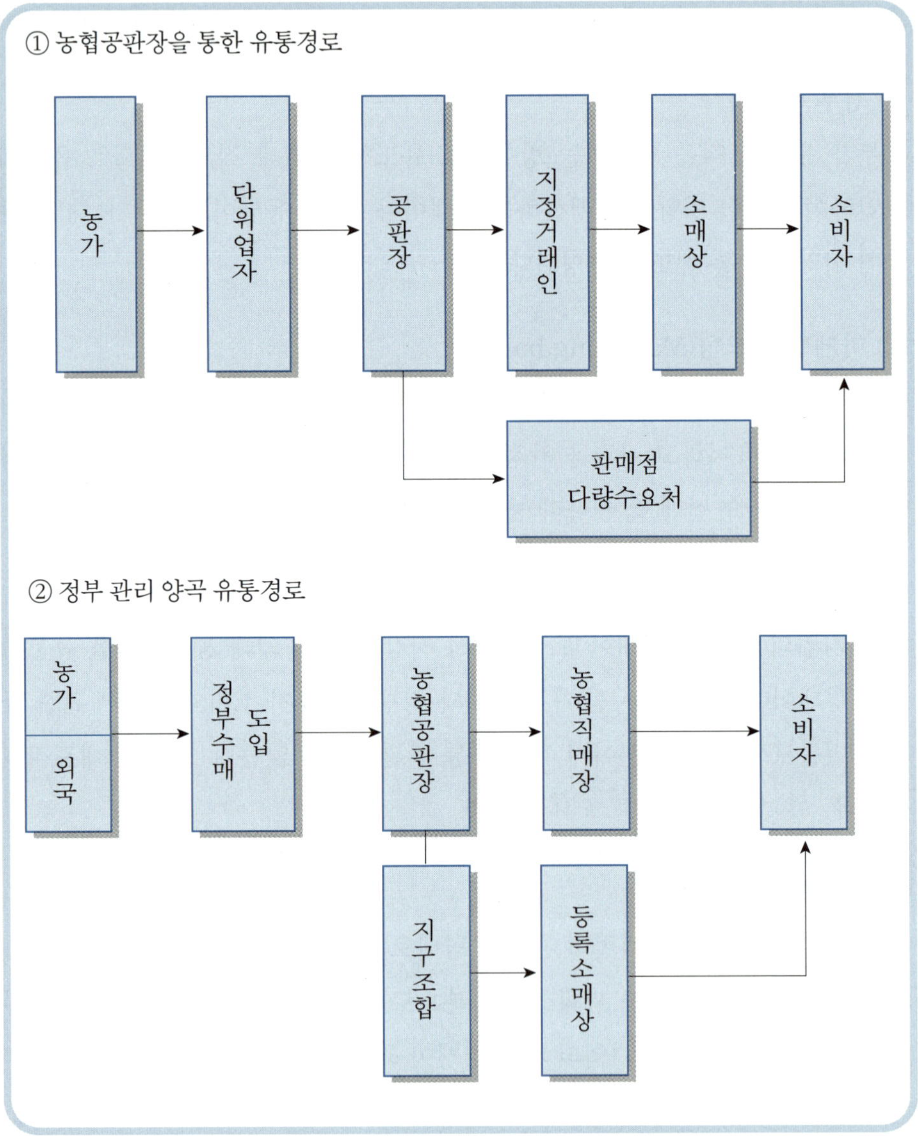

① 농협공판장을 통한 유통경로

농가 → 단위업자 → 공판장 → 지정거래인 → 소매상 → 소비자

공판장 → 판매점 다량수요처 → 소비자

② 정부 관리 양곡 유통경로

농가 / 외국 → 정부수매 도입 → 농협공판장 → 농협직매장 → 소비자

농협공판장 — 지구조합 → 등록소매상 → 소비자

[그림 9-2] 청과물-채소와 과일의 유통 경로

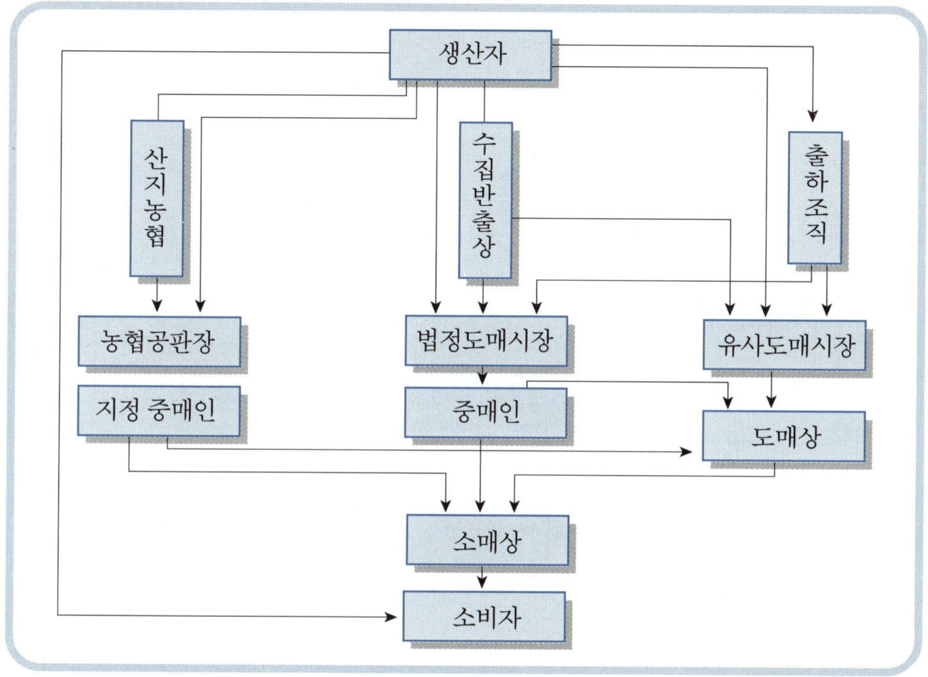

[그림 9-3] 배추의 유통 경로

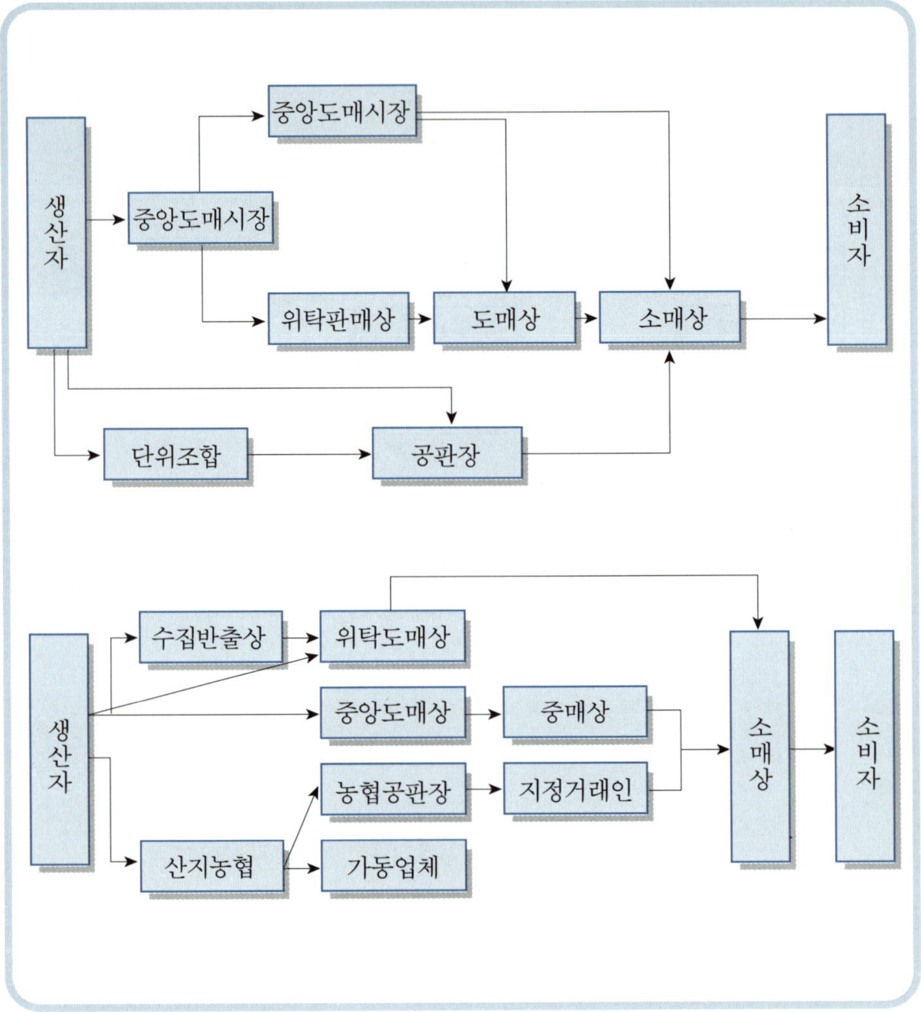

생산자
중앙도매시장
중앙도매시장
위탁판매상
도매상
소매상
소비자
단위조합
공판장

생산자
수집반출상
위탁도매상
중앙도매상
중매상
농협공판장
지정거래인
산지농협
가동업체
소매상
소비자

[그림 9-4] 사과의 유통 경로

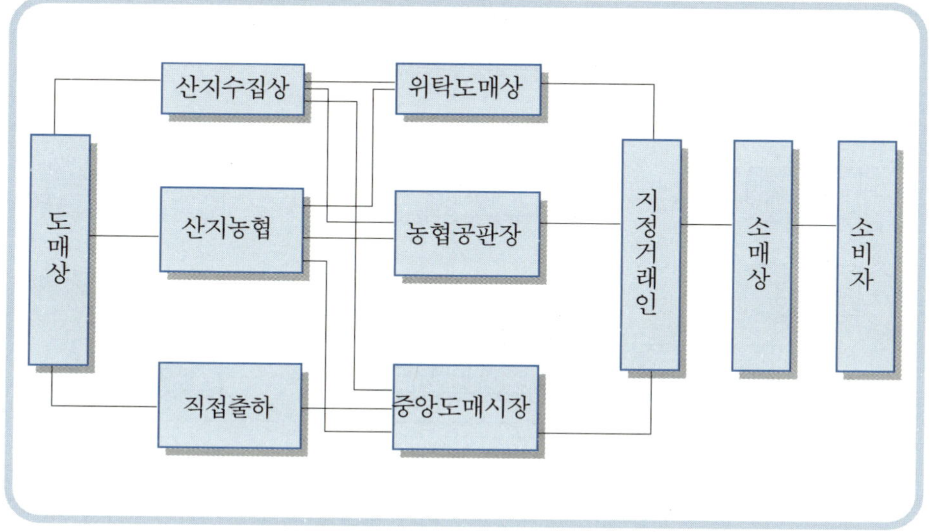

[그림 9-5] 육류의 유통 경로

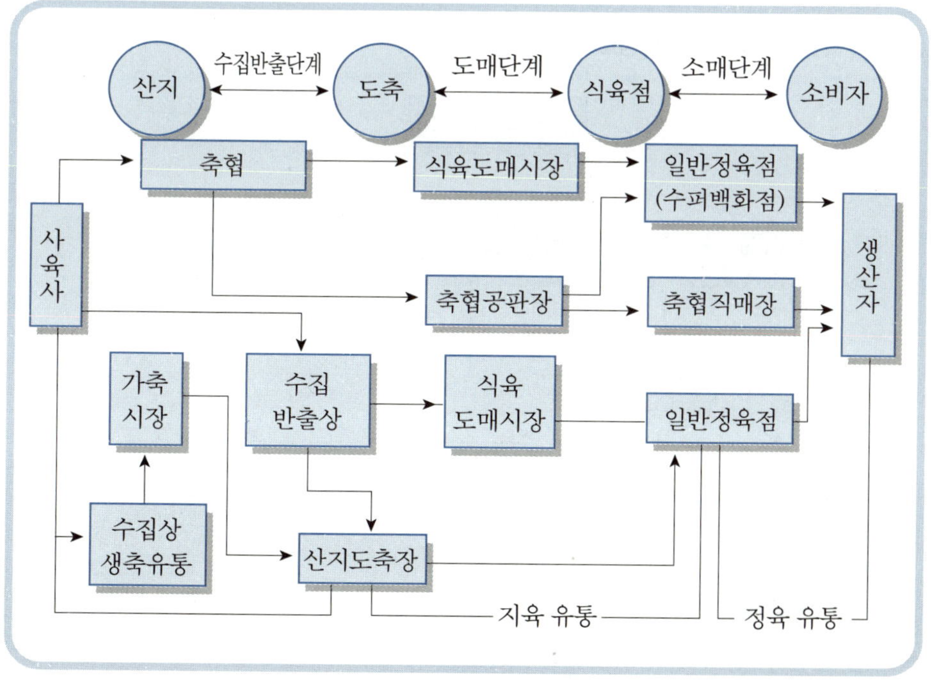

[그림 9-6] 수입 쇠고기의 유통 경로

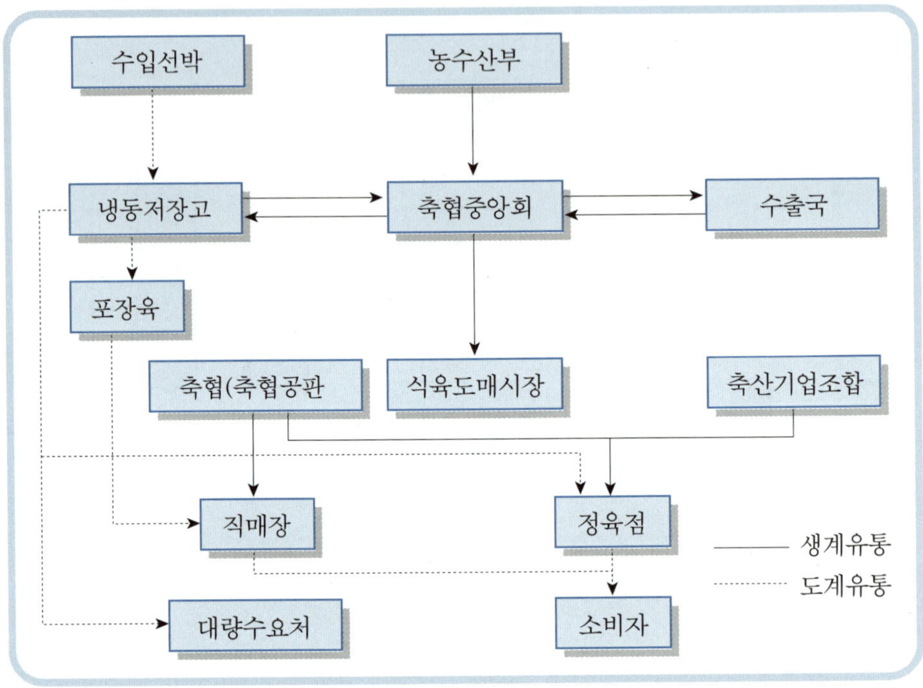

[그림 9-7] 닭고기의 유통 경로

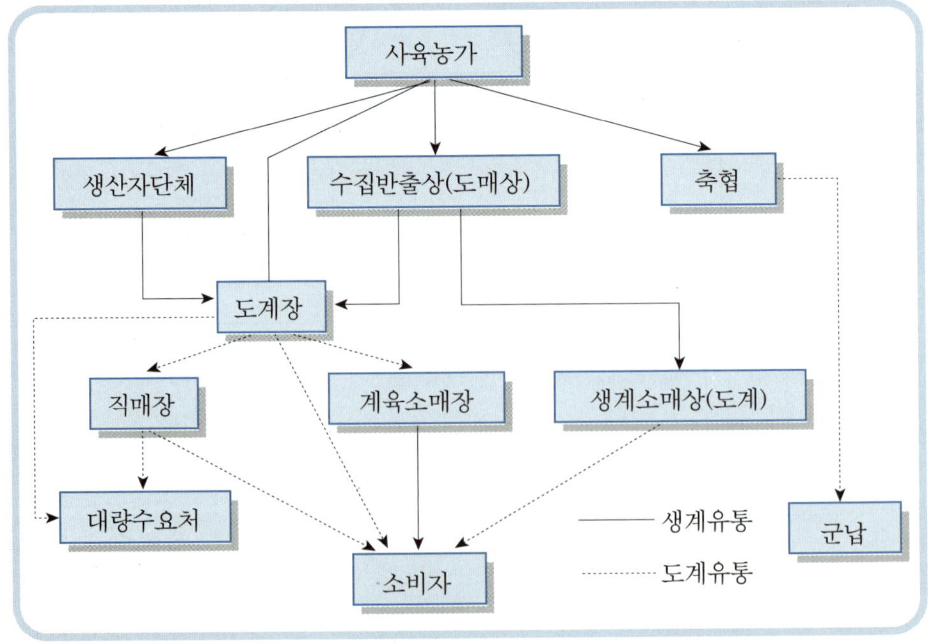

[그림 9-8] 달걀의 유통 경로

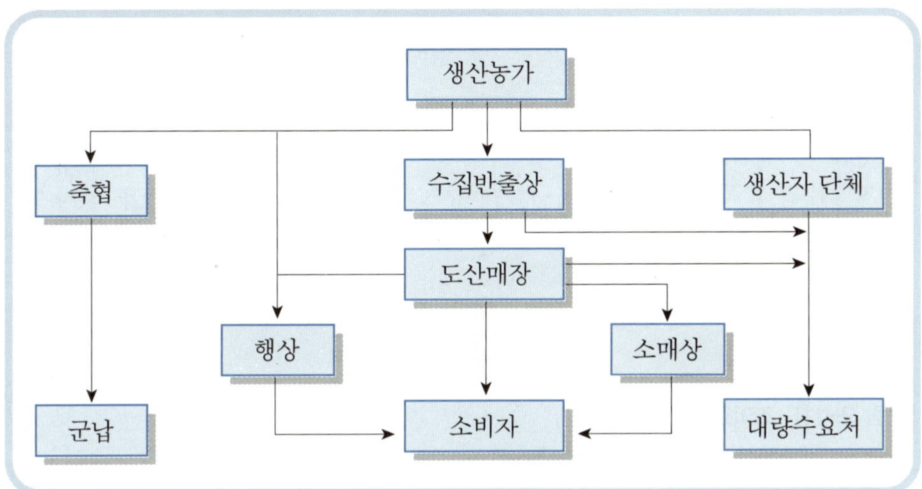

[그림 9-9] 수산물의 유통 경로

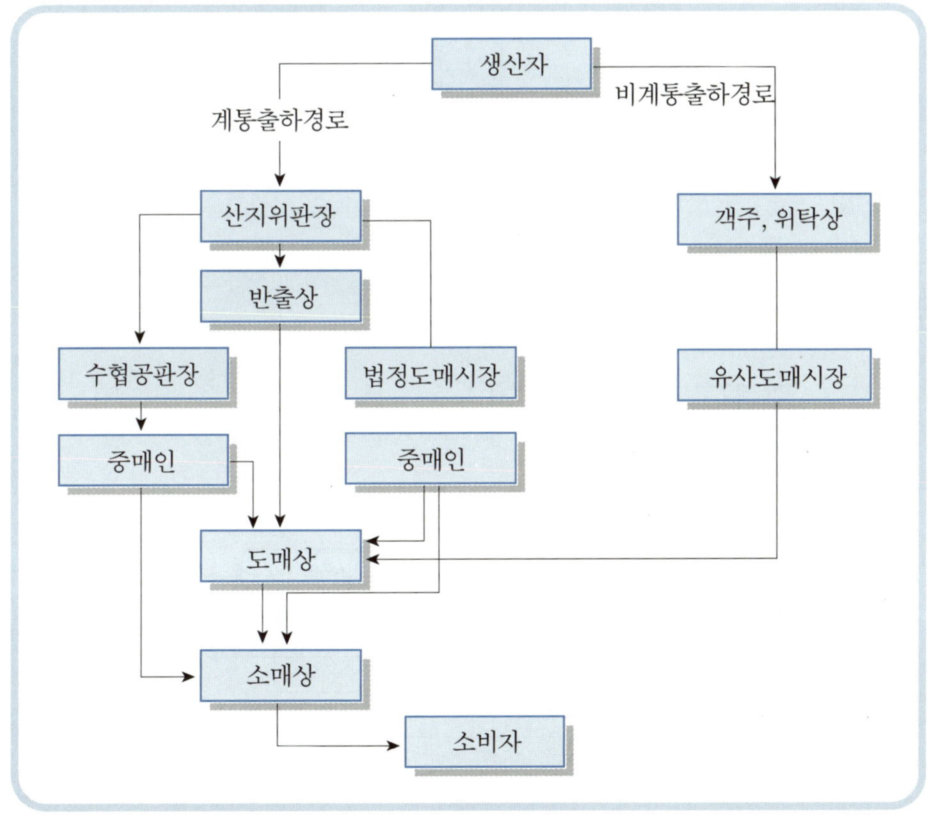

[그림 9-10] 김의 유통 경로

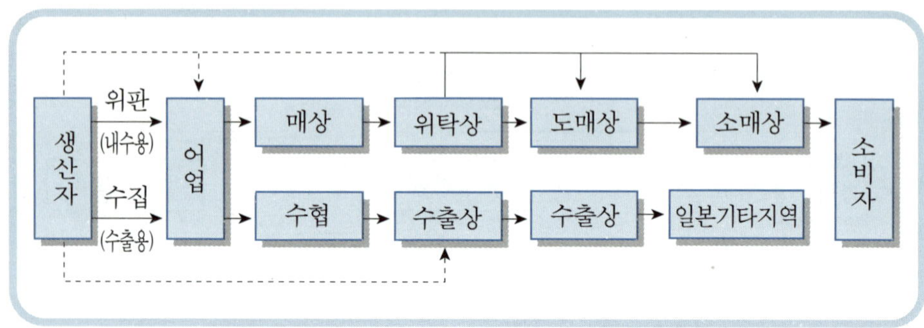

[그림 9-11] 조미료의 유통 경로

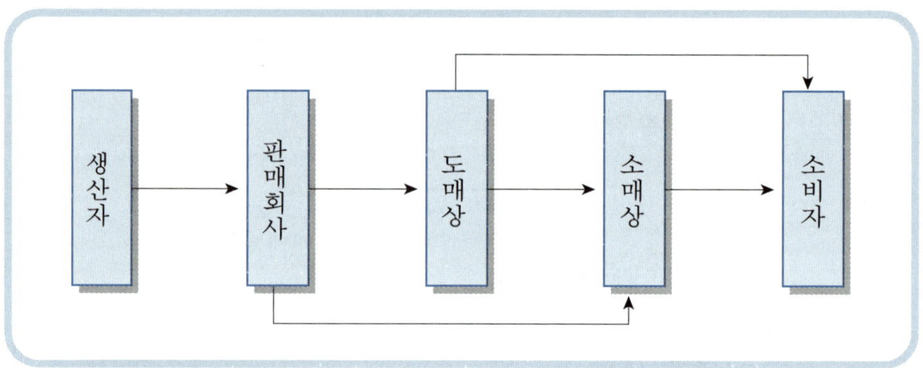

[그림 9-12] 설탕의 유통 경로

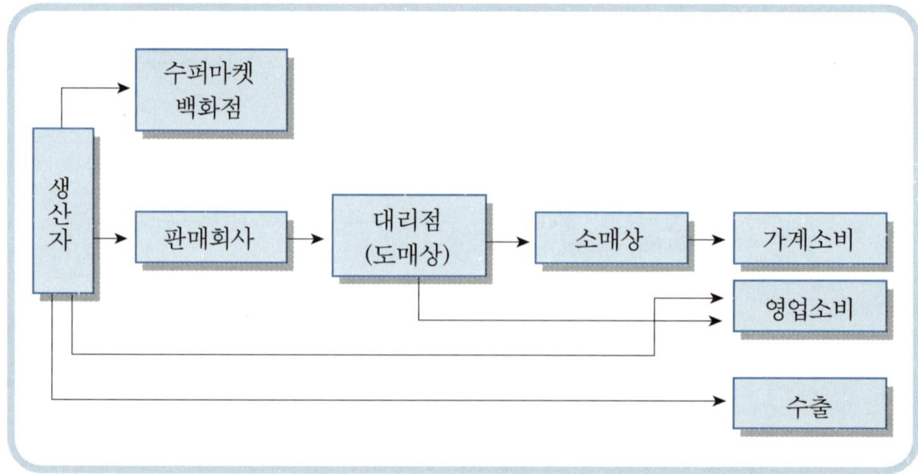

10 우리나라 식생활의 문제점

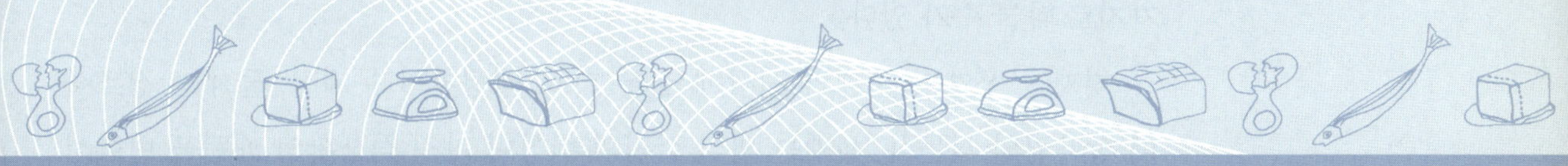

우리나라 식생활은 많은 장점과 단점을 가지고 있는데, 장점은 식생활의 과학화로 보다 좋게 전승시키고 단점은 보완하여 세계화에 알맞은 식생활을 창조해야 할 중요한 목표가 우리에게 있다.

우리나라의 식생활상의 문제점 중에서 꼭 다루어야 할 문제점은 크게 다섯 가지로 나눌 수가 있다.

첫째는 쓰레기 문제의 시각에서 본 가정 식생활의 문제점, 둘째는 경조사 때 상차림의 식문화, 셋째는 외식 산업의 번창이 가정 식생활의 패턴을 변화시키는 문제, 넷째는 풍요로운 식생활로 성인병의 증가에 따른 문제점, 다섯째는 핵가족화와 맞벌이 가정의 증가로 인한 청소년과 직장인들의 아침결식과 노인 식사문제 등을 꼽을 수가 있다.

1. 음식물 쓰레기 문제의 시각에서 본 가정 식생활의 문제점

주부들이 식생활 양식이 어떠하며, 어떤 요인으로 인해 가정에서 음식물 쓰레기가 과다하게 발생되는가를 알아본 결과를 요약하면 아래와 같다.

1) 식품 구매 단계에서의 문제점

우리나라 주부들은 식품 구매를 비계획적으로 하며 과잉 구매하는 경향이 있는 것으로 나타났다. 70.8%의 주부가 식품의 구매전에 식단을 작성하게 되면, 음식물 쓰레기의 양을 줄일 수 있다는 인식은 있으나, 실제로 식단을 작성하고 있는 주부는 전체의 9.7%에 불과한 것으로 나타났다.

특히 야채류는 구매한 뒤 집에서 다듬기를 하기 때문에 가정 쓰레기 중 음식물 쓰레기 발생량 증대의 한 요인이 되고 있다.

실제로 주부의 78.0%가 야채를 시장에서 구입할 때 다듬어진 것을 사지 않고, 사 가지고 와서 집에서 다듬는다고 했다. 73.0%의 주부는 가정에서 배출되는 쓰레기의 가장 많은 양은 조리시 다듬기에서 나온다고 생각한다.

2) 조리 · 식사 단계에서의 문제점

(1) 조리 습관의 문제

조리 습관의 문제점으로는 우리나라 주부들이 가족들이 가족의 식사량에 맞추어 필요량만 조리하는데 익숙하지 못하다는 점이다.

가족의 식사량을 예측하는 데 있어서 중요한 도구는 계량컵과 계량저울, 계량스푼이다. 조리과정 중에 계량컵이나 계량기를 사용하고 있는 주부는 5.2%에 불과한 것으로 나타났다. 대한 영양사회에서 권장하는 올바른 조리방법은 다음과 같다.

즉, 다듬을 때 버리는 양을 최소로 하기 위해서는 파와 뿌리를 잘라낸다든지, 잎을 필요 이상으로 떼거나, 양파 껍질을 벗기는 것 등 사소한 것에도 주의를 하여야 하며 또 정확한 양을 식단으로 만들고 필요한 양 만큼만 조리를 하여야 가정에서의 음식물 쓰레기를 줄일 수가 있다고 제시하고 있다.

(2) 과도한 상차림의 문제

우리나라의 식생활 습관 가운데 문제점의 하나로 지적되는 것이 과도한 상차림이다. 우리나라의 식단은 반찬 수가 많고 양이 많아야 정성껏 차린 것 같이 인식되어 왔다.

실제로 37.0%의 주부들이 상차림을 할 때, 반찬의 양이 많아야 푸짐한 느낌이 든다고 생각하고 있으며, 30.2%의 주부가 실제로 가족의 식사량보다 많이 차리고 있다고 하였다.

(3) 식사 습관의 문제점

바람직한 식사 습관은 상차림을 적절히 하고 상 위의 음식은 남기지 않고 다 먹는것일 것이다. 그것이 불가능할 때는 각 접시를 두어 덜어 먹도록 해준다.

대다수의 주부들은(80.7%) 자녀들에게 음식을 남기지 말고 먹는 습관을 들이도록 교육하고 있지만, 20.7%의 가정에서는 습관적으로 음식을 남기고 있었다.

또, 86.3%의 주부들은 음식이 남았을 경우 냉장고에 보관했다가 다시 조리해서 먹는다고 했으나 대체로 그냥 버리는 주부도 11.8%에 달했다.

더욱이 우리나라 주부들은 실태조사 결과 과반수의 주부가 음식물 쓰레기를 배출 할 때, 물기있는 채로 그대로 버리고 있는 것으로 나타났다. 물기있는 채로 버리면 수거 운반과정에서 압축시 오수를 발생시켜 환경오염을 유발시키고, 수거 과정을 어렵게 한다.

3) 가정 음식물 쓰레기의 처리 현황 및 문제점

(1) 가정 음식물 쓰레기의 발생 상황 및 처리현황

환경부 보도자료에 의하면 2004년 말 현재 음식물류 폐기물 발생량은 11,464톤/일 으로 생활폐기물 발생량의 약 23%를 차지하였다. 이 중 재활용(77%), 매립(14%), 소각(5%), 원형이용(4%)으로 처리되고 있으며 재활용(8,855톤/일)은 사료화 55%, 퇴비화 35%, 기타 10%로 이용되고 있다. 2004년 말 음식물류 폐기물 처리 시설은 공공시설과 민간시설을 합하여 253개소(시설용량 11,232톤/일)이며 전체 시설 용량 중 공공시설 용량은 29%, 민간 처리 시설 용량은 71%인 것으로 조사되었다.

1996년 한국 여성단체 협의회의 조사에 의하면 음식물 처리방법은 나이에 따라 다른 성향을 나타내고 있었는데 40. 50대의 고연령층 주부들은 물기제거, 소각, 퇴비화, 알뜰이용 등의 내용을 보다 더 잘 실천하고 있는 반면 젊은 주부층에서는 계량화, 메모구매, 구매 소포장 이용을 많이 실천하고 있었다.

한편, 한재숙(1996년)등의 연구 보고에 의하면 주부의 연령이 낮을수록, 소득이 높을수록, 가족수가 적을수록, 주부와 남편의 학력이 높을수록, 취업주부일수록 음식물쓰레기 배출량이 많았다고 한다.

위의 이러한 결과는 시사하는 바가 크다고 하겠으며 반성과 개선책이 강구되어야 할 것이다.

또한 2000년도에 대학 구내 식당을 이용하는 교직원의 음식쓰레기 감량에 대한 인식 조사에서는 대체로 음식물 쓰레기 감량을 위해 노력하고 있었으나 음식물쓰레기 처리 방법이나 총 배출량은 잘 모르고 있었으며 특히 국이나 찌개를 많이 남기는 것으로 조사되고 있어 알맞은 양의 배식과 아울러 음식물쓰레기 감량을 위한 홍보와 체계적인 교육이 지속적으로 행해져야 되리라고 생각된다.

(2) 음식물 쓰레기 처리의 대안

음식물 쓰레기의 처리 방안으로는 감량이 최선의 방법이 될 수밖에 없다. 즉, 음식물 쓰레기의 감량, 재활용 등이 홍보와 교육을 통해서 이루어져야 하겠다.

식품 구매단계, 조리단계, 식사단계, 배출단계로 나누어 우리나라의 식생활 실태를 살펴보았다.

문제점을 요약하면 식품의 구매 단계에서는 식단의 작성이 생활화되어 있지 않아 계획성 있는 식품 구매가 이루어지지 않고 있으며, 재래시장에서 판매되는 채소 등의 포장 단위가 실 수요량보다 많아서 과잉구매의 원인이 되고 있다.

조리단계에서는 계량하여 조리하는 습관이 생활화되어 있지 않고, 상차림이 실제의 양보다 너무 많은 점이 지적된다.

4) 음식물 쓰레기 줄이기 종합 대책

환경부 사업계획에 의하면 아래와 같다.

(1) 법적, 제도적 개선 대책

① 음식물 쓰레기를 다량 배출하는 사업장에서의 감량을 촉진시키기 위하여 감량화 기준을 제정하고, 감량 방법을 다양화하며 감량이 의무화되는

대상 사업장을 확대해 나가고 있다.

② 주택, 관광단지 개발 사업 시 음식물 쓰레기 자원화, 시설 설치 의무화, 100가구 이상의 공동주택에 의무적으로 감량화, 지원화 시설을 더욱 확대하도록 한다.

③ 농수산물 도매시장 쓰레기 유발 부담금제 실시:
농수산물 도매시장 쓰레기 유발 부담금 징수 대상 확대와 징수금액을 현실화하도록 한다.

④ 좋은 식단제 확대 및 모범음식점 활성화:
좋은 식단제를 전국 모든 음식점에 실시토록 확대해 나가며 음식물 쓰레기 줄이기 우수 실천업소를 모범음식점으로 지정하고 식품 진흥 기금(2004년 적립금 3,013억원)을 활용하여 쓰레기봉투 제공 등 다양한 인센티브를 제공하여 행정적 지원을 강화할 계획이다. 2004년도 좋은 식단제 실천업소 지원 실적은 70,729개소 185억원이었다.

⑤ 결혼식 및 리셉션등 공공 행사시 지나친 음식 제공을 억제토록 유도한다.

⑥ 음식물쓰레기로 만든 퇴비.사료의 사용처확대 및 공정규격 개선:
음식물쓰레기를 이용한 퇴비.사료의 생산촉진 및 사용확대를 위하여 공공기관의 폐기물 재활용촉진을 위한 지침에 의거 음식물 쓰레기로 생산된 퇴비 · 사료제품을 우선적으로 구매 토록 추진한다.
또한 염분농도가 낮은 음식물쓰레기의 퇴비화를 촉진시키기위하여 현재 비료공정규격에 원료의 30%이하로 규정된 음식물 쓰레기 사용 비율을 염분농도기준으로 대체토록 관련규격을 개정한다.

(2) 재정적, 기술적 지원대책

① 음식물 쓰레기 처리 기술 확충:
음식물 쓰레기 공공 처리 시설을 지속적으로 확대하기 위하여 공공 처리 시설을 설치하고, 민간 기업의 기술개발 및 시설설치를 촉진하기 위하여 재활용 산업 육성 자금에서 우선 지원한다.

② 지방자치 단체별 공동 수거, 공급 체계를 구축한다.

③ 음식물 쓰레기 전담 연구기관을 지정하여 운영한다.

국립환경 연구원, 한국 환경 기술개발원, 농업 과학 기술원등 5개 연구기관을 음식물 쓰레기 전담연구기관으로 지정하여 음식물 쓰레기 발생원별, 발생단계 저감방안 및 지원화 기술을 연구 개발토록하고 연구 결과에 대하여 합동발표를 개최 평가토록 한다.

④ 자치단체의 음식물쓰레기줄이기 추진실적평가:

정부는 지원과 더불어 자치단체의 음식물쓰레기 줄이기 추진실적을 평가하여 음식물쓰레기공공처리시설 국고보조를 차등화하는 등 음식물 쓰레기 줄이기를 주요 국정평가과제로 선정, 평가해 나간다.

(3) 국민 운동, 홍보 및 교육 지원 확대

① 음식물 쓰레기 반으로 줄이기 운동 전개하고 시민 단체, 음식업자 대표 등으로 구성된 음식 문화 개선 운동 본부를 통한 음식 문화 개선운동을 촉진하고, 공무원에 대한 교육 및 실천 홍보를 촉진한다.

② 대규모 급식기관에서의 음식물 쓰레기 감량 추진:

급식학교에서의 교육 지도 및 각종 교육훈련기관에서 교육강좌를 개설운영토록 하며, 군부대, 교정 기관에 표준 식단제를 도입하고 모든 공공 기관 구내식당에서의 음식 안남기기 운동과 잔반통 없는 날을 지정 운영한다.

또한 음식물 쓰레기 감량실천학교 및 시범학교에 대한 지원을 확대하고 관련협회를 통한 영양사, 조리사 등에 대한 음식물 쓰레기 줄이기 연구를 실시하고 공무원 교육기관, 청소년 수련기관등 각종 교육훈련기관에서의 교육강좌를 개설운영한다.

이로써 건전한 음식문화를 정착시켜 귀중한 식량 자원의 절감과 검소한 소비문화를 정착 시키도록 하여야겠다.

③ 음식물 쓰레기 줄이기 우수기관 및 단체에 대한 포상:

추진결과를 분석하여 이에 크게 기여한 자치단체,시민단체 및 유공자에 대해 대대적인 포상을 실시하여 이를 격려하고 적극적으로 추진될수 있도록 하여야 한다.

2. 경조사 때의 과다한 상차림

우리나라에서는 결혼식을 끝낸 후에 폐백 음식과 피로연 음식, 약혼식, 환갑이나 어른의 생신상 차림 등이 보통 중산층 사람들에게는 부담이 될 정도로 점점 사치스럽게 행해지고 있다. 특히 폐백 음식은 시댁의 어른들에 대한 예의라고 생각하여 정성껏 만들고 있으나 시간적, 경제적, 능률적인 면에서 문제점이 발생하고 있다.

또 최근의 신부측은 폐백음식을 전문 폐백집이나 예식장에 주문하는 경우도 늘고 있다. 이에 따른 터무니없이 비싼 가격의 폐백음식을 감당할 수밖에 없고, 사회적으로도 빈부의 차를 느끼게 하고 위화감을 조성하는 문제점이 야기된다.

1950년 이전부터 1990년 이후 사이에 결혼을 한 우리나라 각 연령층이 폐백음식을 어떻게 인식하고 있는지를 조사한 논문을 보면 1990년 이후의 결혼 풍속도는 점점 화려해지는 듯하여 폐백을 결혼 당일에 꼭 하며, 폐백 음식수는 4~6가지를 가장 선호하고, 10가지 이상을 만든다는 사람도 30%나 있었다.

1950년대는 91%가 집에서 직접 폐백음식을 만들었으나, 1990년 이후는 60%가 전문 폐백집에서 의뢰한다고 하였다.

3. 한국의 외식 산업과 문제점

1) 외식산업의 전망

(1) 외식 산업의 의의와 전망

창업은 무에서 유를 창조하는 작업이다.

이것은 새로운 세계에 대한 도전이며 또한 험난한 가시밭길이기도 하므로 사전에 철저한 준비를 하여야 사업에 성공할 수 있다.

특히 외식산업은 인간의 생리적 욕구를 충족시켜줌과 동시에 인간이 살아가는 데 필요한 인간관계를 돈독히 하는 사교의 장이다.

오늘날 경제수준의 향상과 과학의 발달은 식품 산업과 외식 산업을 발전시켜 우리의 식생활에 많은 변화를 가져왔다.

또한 최근 가정밖에서의 식사횟수가 많아지면서 외식 산업이 여러 형태로 행해지고 있으며 이에 따라 체계적인 연구와 경영의 합리화와 경영의 특성화가 요구되고 있는 것도 사실이다.

즉, 다른 음식점과 차별화된 마케팅 전략, 영양관리, 서비스, 식환경조성등이 절실히 필요한 상황이다.

인간은 음식을 섭취할 때 맛, 향기, 색채와 감각에 의해 음식을 즐겁게 먹고 필요한 영양소를 충분히 섭취함으로써 만족감을 얻게 된다.

외식산업은 이러한 인간의 욕구에 부응하는 산업이라고 말할 수 있다.

인간은 보다 건강하고 보다 질병으로부터 자유로워지기를 원하고, 보다 오래살기를 원하며 보다 아름답고 맛있는 음식을 먹기를 원한다.

그러므로 외식산업에 종사하는 사람은 사업 그 자체도 중요하지만 국민의 건강을 일부분 담당한다는 자부심을 가지고 사업에 임해야 할 것이다.

(2) 프랜차이즈의 정의

프랜차이즈란 간단히 말해서 체인점 시스템을 말한다.

본부를 뜻하는 프랜차이저(Franchiser)와 가맹점인 프랜차이지(Franchisee)가 종적인 연계를 유지하는 사업방식을 말한다.

본점과 가맹점은 서로 주인이 다른 독점업체이면서도 동일한 상품, 상표, 상호를 사용한다.

즉, 가맹점은 본사로부터 상품과 상호, 상표의 사용허락과 더불어 경영의 지도를 얻는 대가로 로열티를 지불한다.

즉, 본사는 상품개발, 조직관리, 교육, 점포인테리어, 상품관리, 광고, 마케팅 전략등을 개발하고 이에 따른 유통운영의 통일성을 부여하고 가맹점은 본사에 개발한 상품과 경영노하우를 영업전략에 적용한다.

그러므로 비교적 실패없이 손쉽게 개업이 가능하고 빠른 시간내에 시장을 개척할 수 있으며 확실한 이윤도 올릴 수 있다.

그러나 가맹점은 본사와의 계약조건에 따라 일정기간 단위로 정해진 로열티를 지속적으로 지불해야 하며 지역 상황과 특성에 맞는 자율경영이 어려운 문제도 안고 있다.

(3) 프랜차이즈 사업 성공요소

① 가맹점주의 경영마인드:

새로운 사업을 시작 하기전에 체인사업에 대한 기본적인 사고로 가맹점 경영에 대한 장단점을 충분히 이해하고 나름대로의 경영마인드를 가지고 있어야 한다.

② 상품, 서비스의 질과 브랜드 인지도:

상품 및 서비스의 질과 체인본사브랜드의 인지도는 성공에 매우 중요한 요소이다.

즉, 아이템이 참신한가?

경쟁력이 있는가?

상품과 서비스의 질은 믿을만한가?

소비자로부터의 인지도는 어떤가?

전국적으로 광고가 잘 되어 있는가?

상품등록은 되어 있는가? 등을 꼼꼼이 따져 본다.

③ 향후시장 전망:

개발된 아이템의 시장규모가 점점 확장되는지? 유행을 탄다거나 또는 상품의 라이프싸이클이 짧지는 않은지, 소비자의 소비빈도와 증가인구 등 향후 시장전망을 예측한다.

④ 체인본사의 신용:

신용있는 본사를 선택해야 성공할 수 있다. 즉, 명성과 자금력, 주요간부 등 경영권의 경영 마인드, 소비자인지도등을 점검한다.

(4) 전망

국내경기침체에도 꾸준히 성장을 하고 있는 업종이 바로 외식산업이라고 해도 과언이 아니다. 비교적 안정적이라 IMF 이후에도 계속 개업 업소가 늘어나고 있다.

그러나 역시 소비자가 요구하는 아이템, 음식맛의 노하우, 종업원관리, 경영노하우, 점포선정, 시설등 개인이 선택하고 결정해야 할 부분이 많으므로 철저한 사전 준비가 성공의 열쇠라고 하겠다.

아이템의 특징은 본부에서 식품을 구매, 음식 생산 방법등을 표준화하여 운영 방침을 개발한 후 가맹점을 모집하여 제품의 독점 판매권을 부여하고 표준 시설을 설비해 주는 체인 시스템을 지칭한다.

관리운영의 규격화, 시스템화, 메뉴얼화에 의한 레시피의 개발을 실현시켜 똑같은 음식의 질, 서비스, 청결성을 강조하고 있다.

우리나라에서의 서구형 패스트 푸트(Fast Food)가 본격적으로 선보인 것은 1979년 일본과 합작한 롯데리아 개점이 시초이며 1986년 아시안게임과 1988년 서울 올림픽을 계기로 세계 유명상품 업체들이 국내에 진출하여 햄버거 외에 도우넛, 피자, 치킨 등 서구형 외식 산업이 자리잡기 시작하였다.

뒤이어 한식 국수를 가지고 장터국수, 다림방, 다전국수등의 한국형 패스트 푸트로 정착하면서 새로운 식생활 문화의 시대를 열게 되었다.

2) 외식 산업이 식생활에 미치는 문제점

외식산업이 식생활에 미치는 문제점은 크게 영양상의 문제점과 위생 및 조리 과정의 안정성 문제, 국내 보급형 체인과 외국의 유명업체와의 경쟁 등이 거론될 수 있다.

(1) 영양관리의 문제

가정내의 식사는 가족의 건강을 위해 주부가 영양을 의식하면서 균형이 잡힌 식단을 계획해서 합리적인 식품구입과 선택을 거쳐 사랑과 정성으로 위생적, 영양적, 전통의 맛을 살리면서 차리게 된다.

그러나 외식에 있어서는 영양과 건강보다 고객인 소비자의 선택인 간편성, 경제성, 식도락에 비중을 높이 두고 있는 실정이다.

Appledorf 등은 외식시에 패스트 푸드가 열량 비율이 높은 반면 전반적인 영양은 기대에 미치지 못하며, 포화지방산과 나트륨 함량이 높으며 과일, 채소 및 곡류가 절대 부족함을 지적하고 이에 대해 나트륨 함량의 저하 및 이의 대체물 사용을 제언하였다.

Rise 등은 영양적 가치가 낮은 외식은 개인에게 영양 불균형 상태를 초래하고 Shannon, Skinner 등은 패스트 푸드를 한끼 식사나 스낵으로 소비시 칼슘, 철분 섭취가 부족되는 경향을 나타낸다고 지적하였다.

(2) 위생 및 조리과정의 안정성 문제

안전하고 신뢰성 있는 식품 소재를 선택하고 있는지, 안전한 조리기구 및 식기를 사용하고 있는지, 안전한 포장재를 사용하고 있는지, 가열 조리시 유해물질 발생에 대한 연구가 되고 있는지, 조리-포장-배선과정에서 다루는 사람들의 위생이 고려되었는지 등을 수시로 조사하고 소비자에게 홍보해야 한다.

(3) 국내 보급형 식품개발 문제

국내 패스트 푸드 체인(Fast Food Chain)은 주로 외국의 유명업체와의 기술제휴 및 합작으로 비싼 로얄티를 지불하고 있으므로 우리 실정에 맞는 새로운 메뉴의 개발과 서비스의 개선을 통해 국내 보급형 패스트 푸드 업체 개발로 우리 고유의 식문화 정착에 힘써야 한다.

(4) 외식산업 동반자의 가치관 문제

Food Service Industry 가 대부분 프랜차이즈 시스템이라는 유통조직의 형태를 취하고 있으므로 본사와 점포간의 유통과정에서 이들은 상호 의존성을 갖게 되어 리더수비, 신뢰감, 협동심 등으로 유지 되어야 하며 간편성, 경제성, 보건위생성, 관능성 등이 생산자, 소비자, 보건행정자 측면에서 각각의 역할을 고려하여 국민보건 향상을 위한 식품서비스 산업이 되도록 노력해야 한다.

(5) 표준 레시피(품질 표준화)문제

대량조리에 있어서 외국에서는 50명 단위의 조리 레시피가 거의 표준화되어 있다.

국민영양에 입각하여 이 조리 레시피의 개발과 표준화가 마련되어야 하며 질과 양적인 면이 함께 고려되어 연구되어야 할 것이다. 제공되어지는 패스트 푸드의 영양가는 소비자가 인식할 수 있도록 패스트 푸드 업체 내에서 식품 품목의 영양분석 자료를 전산화하여 시행하여야 겠다. 또한 외식산업과 국민 식생활 및 영양 문제데 관한 실태 조사를 강화해야 한다.

(6) 영양교육

생산자, 소비자, 보건행정자들을 대상으로 한 일련의 영양교육 및 프로그램을 개발하고 적극 홍보하여야 겠다.

앞으로도 외식산업은 생활수준이 향상되고 간편성을 추구하고 소비자의 선택에 따라 계속 발전할 것이라고 전망된다.

Ronald Brech는 2000년대의 식품서비스 산업계를 전망하면서 고려해야 할 가장 중요한 사항이 소비자를 이해하고 그들이 원하는 것을 예견하는 것과 질이 좋은 음식을 제공하는 것, 교육 · 훈련을 철저히 받은 직원이 있어야 하는 것 등이라고 지적하였다.

따라서 외식을 즐기는 사람들은 균형 있는 식사를 하기 위해 적절한 칼로리와 영양에 맞는 음식을 선택해야 할 것이고 업체는 우리나라 전통음식을 포함한 다양한 메뉴개발과 표준 품질관리 시스템 개발이 중요한 과제라고 하겠다.

4. 성인병의 증가에 따른 문제점

우리는 과거의 전염병과 영양실조에 의한 저 영양시대에서 고도경제 성장기에 식량사정이 호전되면서 영양이 충족된 시대를 거쳐 오늘날에는 영양과잉의 시대를 맞고 있다.

영양과잉은 때로 성인병을 유발하고 특히 각종 공해와 스트레스 등 생활환경의 변화는 건강에 나쁜 영향을 준다.

각 나라의 영양 조사에 나타난 내용을 보면 식사 내용 중 동물성 식품의 비율이 높은데 육류의 섭취와 동시에 지방 섭취는 각종 성인병을 유발한다. 또한 식생활 변화에 따른 뇨결석 환자의 급증과 도시 어린이 비만이 늘고 있다.

2001년도 국민건강 · 영양조사(보건복지부 2002)에 의하면 한국인의 탄수화물 평균섭취량은 315g이었고 남자의 평균섭취량은 341g, 여자는 292g으로 나타났다. 또한 섭취한 에너지의 구성비를 보면 탄수화물 65.6%, 지방 19.5% 단백질 14.9%이었다. 이는 1969년의 당질 80.3%, 지방 7.2%, 단백질 12.5%과 비교하면 지방 섭취는 증가하였으며 당질과 단백질 섭취 비율은 감소한 것으로 조사되었다.

동물성 식품 소비량이 세계적으로 가장 많은 나라는 미국과 카나다로 이들 나라는 열량, 단백질, 지질 중에 함유된 동물성 비율도 높게 나타났다 (표 10-1).

〈표 10-1〉 동물성 식품 비율과 고기 소비량

구분	열량중의 동물성의 비율(%)	단백질중의 동물성의 비율(%)	지방중의 동물성의 비율(%)	고기의 소비량
일본	21	52	41	100
한국	9	23	47	-
중국	10	19	58	-
미국	36	68	61	638
카나다	39	63	67	578
이탈리아	25	48	52	111
오스트리아	36	63	65	162
스웨덴	42	66	72	127
덴마크	46	69	79	10
독일	35	59	74	148
프랑스	38	64	70	147

* 일본을 100으로 한 비율

성인병은 일반적으로 40세에 이후에 주로 발병하는 심장병, 고혈압, 뇌졸중, 당뇨병 및 암을 총칭하는 용어로 이외에 만성 간염, 간경변, 만성 신염, 통풍을 포함하기도 한다.

일본의 사망률 조사에 의하면 2000년의 주 사망원인으로 암과 심장 질환이 크게 증가 되었다.(그림 10-1)

성인병의 원인은 질병에 따라 다르나 생활환경 요인 특히 영양소 섭취와 관련이 있기 때문에 성인병을 습관병 또는 생활병이라고 말하기도 한다.

그러므로 어릴 때부터 건전한 식습관과 생활 습관을 기르도록 지도하여야 한다. 특히 자극적인 음식의 식생활이 바뀌어야 한다.

암 예방 식사로는 균형 잡힌 영양, 매일 변화 있는 식생활, 적당한 비타민과 섬유질을 섭취하여야 한다. 특히 부족되는 것은, 채소로서 아침 저녁으로 녹황색 채소를 충분히 섭취하는 것이 좋다.

[그림 10-1] 2000년과 1981년의 특정요인의 사망률 비교(일본)

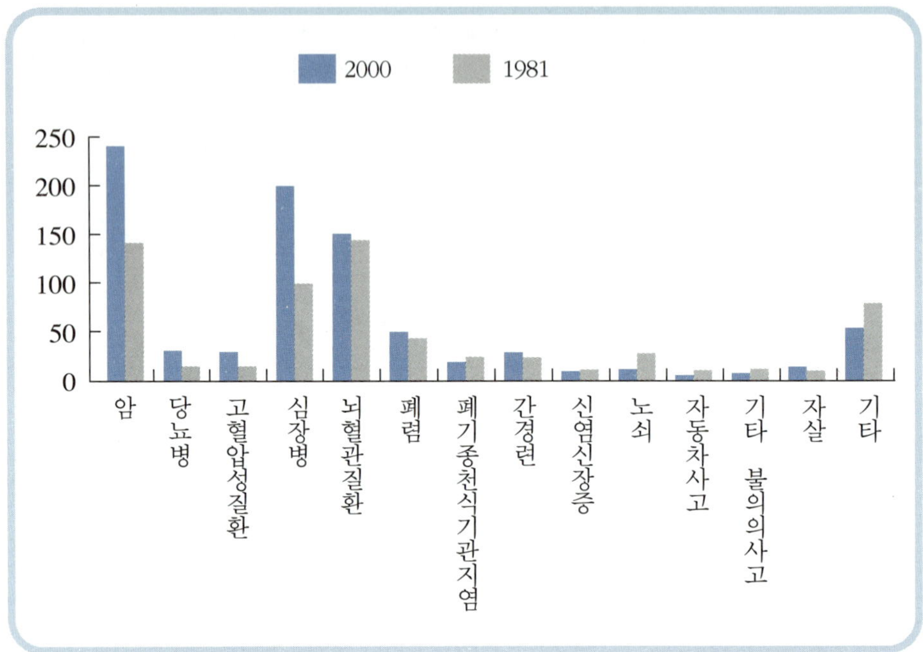

또 단 것을 좋아하는 어린이는 충치가 많아 일본의 경우 2세 어린이는 50%, 3세 어린이는 90%, 한국의 청소년은 49.1%가 되는 것으로 나타나고 있어 청량음료나 과자, 초콜릿 등 단 음식의 섭취를 줄일 필요가 있다.

「생활환경이 근대화와 질병의 추이」라는 논문에 의하면 일본은 전염병 질환이 감소하는 1기를 지나 영양과잉, 도시화, 근대화가 진행되어 당뇨병이 증가하는 2기에서 3기로 이행하는 시기라고 한다. 우리나라도 이와 비슷한 양상이 될 것으로 예측된다.(그림 10-2)

[그림 10-2] 생활환경의 근대화와 질병의 추이

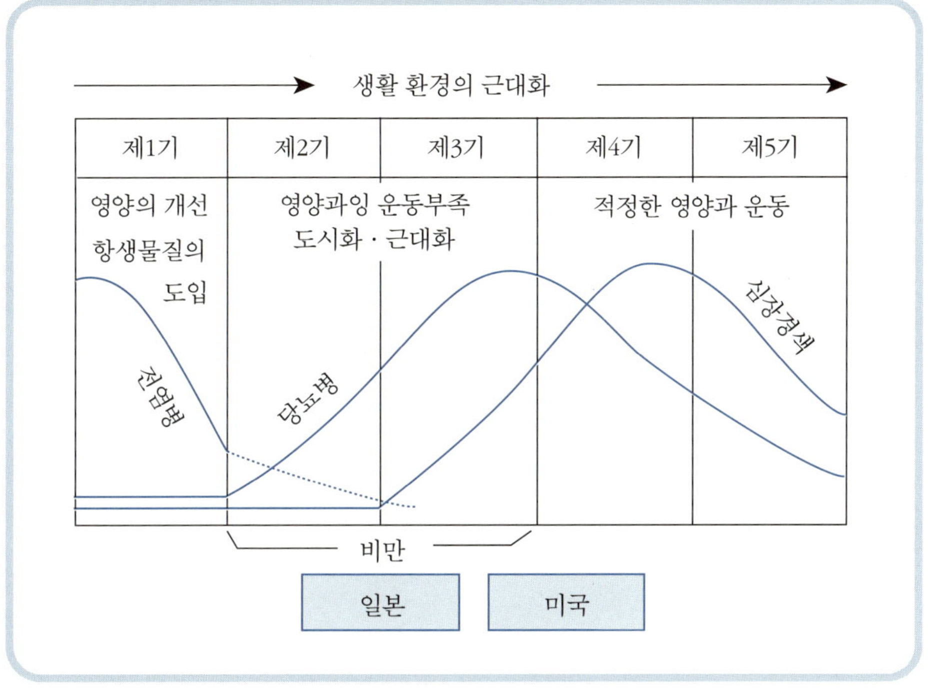

11

미래 지향적인 식생활관리

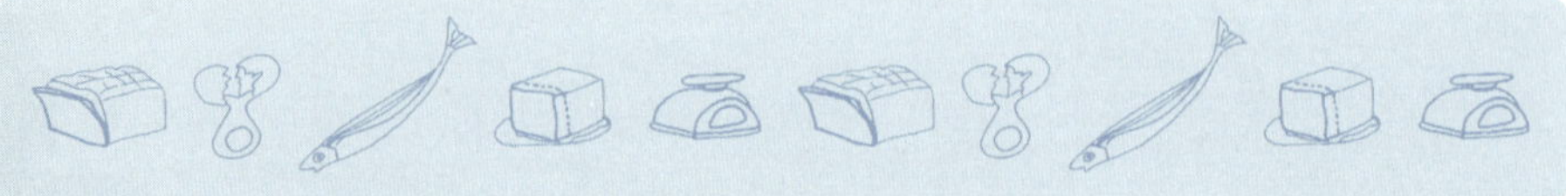

1. 우리나라 식생활의 변천

앞으로 우리의 식생활은 어떠한 양상으로 변화될까?

이는 과거 식생활의 변화양상과 미래의 사회환경 변화를 예측하여 우리의 미래 식생활도 가늠해 볼 수 있을 것이다.

우리의 식생활 변천사를 살펴보면 표 11-1과 같이 4단계로 구분 할 수 있을 것이다.

1단계는 고조선에서 삼국시대로 우리 민족은 원래 유목계이였지만 한반도로 남하하여 기후와 풍토에 맞는 농경 식문화를 새롭게 형성하게 되었는데 잡곡과 쌀을 중심으로 한 주식과 콩 재배에 적합했던 기후조건으로 콩을 이용한 발효 식품인 장류(두장)를 개발하여 발전시켰다.

삼국시대 말에는 주 · 부식이 분리되는 식사 형태를 갖추게 되었다.

2단계는 통일신라에서 고려 시대로 이때는 불교가 성행했던 시기였다.

따라서 한과와 일상식과는 다른 의례음식이 발달하게 되고 음다의 풍습이 있었다.

김치로 삼국시대의 단순한 소금절이에서 나박김치 같은 보다 다양한 김치 담금법이 시작되었다.

또한 고려 말에 몽고의 침입으로 다시 육류고기법이 등장하게 된다.

3단계는 조선시대로 우리 한식의 상차림 완성시기가 이때이며 대가족의 제도와 생활 규범의 정착화가 이루어진 시기이다.

또한 독상과 좌식 상차림이 일반화 되었고 계절에 나는 식품을 이용한 절식과 매달 농경의례에 따른 시식이 자리 잡게 되었다.

오늘날 우리가 전통 한식이라고 하는 것은 조선시대의 상차림과 식생활을 의미한다.

4단계는 일제시대에서 오늘날에 이르는 시기로 이것을 다시 4기로 나눌 수 있다.

초기에는 일제 강점기로 식량 부족과 빈곤으로 식생활이 매우 궁핍한 시기였다.

그러나 한편으로는 서구식 영양이론이 소개되는 시기이기도 하였다.

2기에는 해방이후 6.25전쟁을 전후한 시기로 전쟁으로 인한 기아와 극심한 식량난과 영양실조가 있었으며 외국의 식량원조에 의존하던 암울한 시기로 우리의 식생활은 피폐되어 있던 시기이다.

〈표 11-1〉 우리나라 식문화의 변천 단계

단계	연대별 구분		식문화의 특징
제1단계	고조선~삼국시대		• 주 · 부식 분리형의 식문화 주식: 쌀, 보리, 조 등 부식: 장류, 무짠지, 장아찌, 생선포, 구이 등
제2단계	통일신라~고려시대		• 숭불사상에 의한 다류, 한과류, 채소음식 발달 • 일상식과 다른 제례, 연회 등의 식문화 • 몽고 침입으로 고기 요리법 발달
제3단계	조선시대		• 유교사상을 근본으로 한 공동체 의식 • 대가족 제도와 식생활의 규범 정착 • 김치의 발달과 상용 필수 식품화
제4단계	일제 시대 ~ 현재	제1기 (일제시대~해방 이전)	• 식량부족과 빈곤으로 인한 식문화 침체 • 식품 소비형태의 침체화
		제2기 (해방 이후~1960년대)	• 기아 및 영양실조 상태의 계속 • 분식의 장려운동과 서구식 식생활의 유입
		제3기 (1970년대~1980년대)	• 경제 발전과 핵가족화로 인한 식생활 수준 향상 • 영양가와 맛의 추구화
		제4기(1988년 서울 올림픽 이후)	• 음식에 대한 가치관 변화 • 식생활의 외부화, 세계화, 레저화, 가공식품화

자료: 모수미(1994), 한국 외식문화의 발달과정. 한국식생활문화 학회지 춘계학술대회 초록집 3-10

3기에는 1970년대부터 1980년대까지로 제 1차 경제 개발 5개년 계획의 성공으로 한국의 경제가 급성장하면서 궁핍했던 식생활에서 식생활의 수준이 급성장 하고 소비가 증가하면서 서구식 식생활로 점차 변화하는 시기이다.

4기는 1988년 서울 올림픽 이후 현재까지로 영양 섭취량과 선택하는 음식이 서구화되고 다른 나라 식생활에도 관심을 갖게 되었다.

또한 현대인들은 바쁜 사회생활로 시간과 노력이 적게 드는 가공식품이나 편이 식품을 찾게 되고 이로인한 외식산업이 급성장하게 되는 시기이기도 하다.

2. 최근 식생활 변화의 특징

식환경 변화 요인으로는 도시화, 핵가족화의 진행, 취업주부의 증가, 외식 산업 및 식품 산업의 발전에 기인하는데 이로인해 식사 행동과 영양소 섭취 양상등이 달라져 가고 있다. 중요 특징은 다음과 같다.

1) 식생활의 세계화

과거 전통적인 식생활 패턴에서 점차 수입식품이 증가하고 해외여행자의 수도 급증하면서 외국의 식문화가 유입되어 식생활 분야에도 서구화 또는 세계화가 되었다.

이것은 앞으로도 더욱 다양한 음식문화의 교류가 계속 될 것이다.

식품도 서양 채소와 과일은 물론, 양주, 커피등의 소비가 매우 증가 하였고, 밥 위주의 식사에서 빵과 햄버거를 이용하는 가정도 상당수에 이른다.

또 조리법도 전통적인 한국 조리법에서 샐러드, 스테이크, 튀김 등 서구식 조리법이 많이 이용되고 있다.

반면에 우리의 전통음식이나 조리법이 최근 건강음식으로 알려지면서 외국에 소개되어 맛의 국제적인 교류가 활발하게 이루어지고 있다.

이러한 변화로 최근 "퓨전푸드"라는 용어가 생겨났는데 이는 1980년 미국의 캘리포니아 지방에서 처음 사용하기 시작했다고 한다.

즉, 서양의 소스와 동양의 허브와의 만남, 동·서양의 식재료의 조화, 동·서양의 조리법 등을 통해 새로운 음식을 만들어 낼 수 있는 것이다.

이는 미국의 다민족국가에서만이 요구되는 조건이 아니라 오늘날 음식을 통한 국제 교류를 위해서 또 새로운 맛을 추구하는 젊은 세대들의 시대적 요구이기도 하다.

요사이 유행하는 불고기 버거, 불고기 피자, 캘리포니아롤, 샐러드 드레싱에 간장과 참기름 또는 깨소금을 사용하는 것 등이 대표적인 퓨전푸드라고 하겠다.

앞으로의 퓨전푸드는 우리들의 식문화의 큰 주류로 자리 매김하면서 더욱 발전해 나가리라 생각된다.

2) 식생활의 간편화

바쁜 현대 생활에서 요구되는 간편화는 특히 아침식사 시간에 많이 적용된다.

통근 시간이 길어지고 아침 일찍 자녀들이 등교하므로 자연히 아침 시간에는 간편하게 준비 할 수 있는 빵이나 우유, 음료 또는 반조리 식품, 조리 식품, 가공 식품, 인스턴트 식품을 선호하게 된다.

또한 조리 시간이 짧은 전자레인지 이용도 늘고 있다.

3) 가공식품의 증가

식품산업의 발달로 품종개발과 더불어 가공기술이 발달하여 각종 가공 식품과 레토르트 식품, 포장식품 등이 다양하게 시판되고 있다.

일반적으로 가공식품에서 문제가 되는 것은 동물성 지방이 많고 소금이 많이 함유되어 있으며 식이성 섬유가 부족하다는 것이다.

그러므로 가공식품의 무분별한 이용은 문제를 야기 할 수 있다.

4) 가정외 식사의 증가

외식은 식사를 가정 외에서 하는 것을 말하는데 소비자의 다양한 요구에 따라 또 여성의 사회 진출이 증가하면서 최근 급속히 증가하는 추세이다.

1990년 이후 음식을 먹는다는 것은 영양성에서 쾌적성과 사교성으로 이동하고 있다.

즉, 가정 생활의 단란함도 가정에서 함께 음식을 만들어 먹던 생활에서 외식을 통해 가정의 단란함을 추구하고 있는 경향이다.

또한 과거의 외식은 부족한 영양을 보충하는 것이었으나 오늘날의 외식은 생리적 욕구와 함께 정신적, 사회적 역할이 다양해지면서 식생활에서 중요한 위치를 차지하고 있다.

5) 고 전분식에서 고 지방식으로의 변화

식사내용에서 고 전분식(쌀 위주의 식사)에서 잠차 지방식으로 전환되고 있다.

지방식은 1g에 9kcal를 내므로 1g에 4kcal를 발생하는 전분식 보다 열량 섭취가 많아지며 이는 비만으로 이어질 수 있다.

비만은 외모뿐만 아니라 건강에도 영향을 주어 성인병의 원인이 되기도 한다.

조리법에서도 삶거나 찌는 조리법에서 튀김이나 마요네즈 드레싱 사용 등이 증가하고 있다.

6) 1일 3끼 식사에서 1일 2끼+간편식으로의 변화

1일 3끼 식사가 일반적인 식사형태이나 최근 1일 2끼 식사가 젊은 층을 중심으로 증가하고 있다.

최근에는 저녁 늦게 까지 활동을 하고 늦게 취침하는 층이 증가하면서 아침에 늦게 일어나고 이것은 출근이나 등교시간에 늦지 않게 하기 위해 아침식사를 할 수 없는 원인이 된다.

아침에 식사를 거르게 되면 자연 점심시간에 과식을 하게 되기 쉽고 이것은 나쁜 식습관으로 이어지게 된다.

아침식사나 저녁 식사를 거르게 되면 식생활의 리듬이 깨지고 이것이 계속 될 경우 인체에 나쁜 영향을 줄 수 있다.

7) 생명 유지의 식사형태에서 건강식(또는 즐기는 식사)으로의 변화

과거에는 경제적 여유가 없어서 건강유지의 식생활을 하였으나 80년대 이후 경제성장이 이루어지면서 포식하는 식습관과 동물성 식품섭취 과잉, 식이성 섬유 섭취 부족등으로 인한 성인병이 생기게 되어 건강을 위협하게 되었다.

이에 자극을 받은 사람들은 자연식품을 선택하여 건강식을 하면서 즐겁게 식사하려는 경향이 증가하고 있다.

최근 일부 계층에서는 식탁분위기를 고급화 하거나 보다 즐거운 분위기에서 식사하려는 욕구가 증대되면서 테이블 코디네이터와 푸드 코디네이터 같은 직업도 생겨나게 되었다.

8) 맞춤형 식생활을 위한 산업과 직업

각 개인의 식생활을 개인의 특성에 맞게 식생활을 조절하는 기능이 가능한 시대가 되고 있다.

즉, 어떤 영양소를 강화하거나 또는 알레르기를 일으키는 요인을 제거한 식품을 선택 하는 등의 방법을 통하여 개인의 식생활을 개인에 맞게 조절하는 것이다.

요즈음 미국에서는 기능성 식품을 디자이너 푸드로 칭하고 개인의 식생활을 상담, 지도하는 영양사를 다이어트 디자이너라고 부르기도 한다.

3. 건강을 위한 새로운 식생활 개선방향

1) 건강을 만드는 조건

건강을 증진 시키는데는 3가지 조건이 있다.

즉, 식사, 운동, 휴식으로 이 관계를 균형 있게 잘 유지하는 것이 필요하다.

일반적으로 적절한 영양섭취는 평균수명을 증가시키는데 일본의 경우 1970년대에 들어서면서 영양 상태 개선과 식생활 향상이 일본의 평균 수명을 급속히 연장시킨 이유가 되었다고 학자들은 설명하고 있다.

또한 운동으로 에너지 섭취를 자동 조절하여야 한다.

즉, 사람과 동물은 에너지 소비량에 알맞는 음식섭취를 행하는 자동조절능력을 가지고 있는데 태어날 때부터 구비되어 있는 이 능력에 운동을 일상화하면 섭취열량을 무의식적으로 조절한다는 것이 사람과 랫트에서 알려지고 있다.

다시 말하면 운동부족이 되면 열량섭취량이 자동적으로 조절되는 능력이 발휘되지 못하여 비만해진다는 것이다.

현대인들은 운동부족으로 인해 이 에너지가 섭취량을 감지하는 센서가 잘 작동하지 않기 때문으로 여겨진다.

에너지 섭취량을 적절히 조절하면서 살아가기 위해서는 매일 땀을 흘리는 생활을 하여 절식(공복)-식사(만복)-절식의 주기에 신축성있는 리듬을 확립하는 것이 좋다.

2) 전분과 식이성섬유 섭취 중시

현대인의 식생활의 특징은 지방(동물성지방)을 과잉섭취 하는 반면 콩류, 전분, 곡류 등의 식이성 섬유의 섭취가 부족하다.

지방섭취에서도 식물성 기름의 섭취는 리노레익산과 리노레닉산등 생리활성작용이 있는 다가 불포화지방산을 많이 함유하는 기름을 적극적으로 섭취하도록 한다.

현대인은 전분 섭취 방법에 있어서도 가루로 가공하여(예를 들면 밀가루, 콩가루, 옥수수가루) 섭취하는데 이는 알맹이로 섭취할 때 보다 체지방 합성과 저장 효율을 쉽게 하여 비만이 되는 결과를 가져오는 것으로 생각되고 있다.

또, 식이성 섬유를 많이 섭취함으로써 변비를 예방하고 이로 인해 대장암을 예방하며 혈중 콜레스테롤수치를 낮게 유지시킬 수 있는 효과가 있다.

식이성 섬유는 과일과 야채, 곡류와 콩류에 많이 함유되어 있다.

그러므로 이러한 식품들을 적극적으로 섭취하려는 노력이 필요하다.

3) 가공식품보다 자연식품 섭취 권장

오늘날에는 인구가 도시에 집중되어 식품생산자와 소비자는 완전히 분리되어 있으며, 식품을 안전하게 대량 공급하기 위해 식품을 가공하는 것도 필요하다.

또 식생활의 간편화와 식품의 맛을 증가시키기 위해 식품가공은 필요하다.

그러나 최근에 미국이나 유럽에서는 자연식품으로의 회귀현상이 강하게 일어나고 있는 실정이다.

일본이나 한국에서도 식품첨가물이나 잔류농약 등의 안전성에 유의하면서 유기농법이라든가 자연농법으로 재배된 식품에 관심이 증가되고 있다.

유전자 변형 식품에 대한 거부감이 커지면서 사람들은 자연상태에서 생산된 식품을 선호하게 된다.

최근 붐을 일으키고 있는 웰빙식품, 웰빙식당들은 이러한 요구에 부응하는 하나의 현상으로 전통음식점이나 자연 식품전문식당은 사회적으로 고급으로 인식되면서 이를 더욱 추구하려는 경향으로 나가게 될 것이다.

그러므로 가공식품과 자연식품이 적절하게 균형잡힌 식탁이 되도록 하여야 할 것이다.

특히 건강적인 측면과 조리의 즐거움을 느끼면서 가정에서 가정고유의 맛을 내는 것이 식탁을 풍요롭게 만든다.

4) 소금 섭취량을 줄일 것

식염을 과잉 섭취하는 경향이 한국인은 특히 강하다.

나트륨을 많이 섭취하면 고혈압, 위암, 골다공증의 위험을 높인다

고혈압은 뇌졸중, 심장질환, 신장질환등의 위험요인이므로 고혈압이 되지 않도록 주의하여야 하는데 소금 과잉 섭취는 이러한 질환의 원인이 된다.

또한 나트륨을 과잉 섭취하면 위암발생률이 증가하고 과잉의 나트륨은 칼슘의 배설을 촉진시키므로 골다공증의 위험을 높인다.

한국인은 소금에 절인 젓갈과 김치, 고추장, 된장 등을 많이 섭취하여 소금 섭취가 과잉으로 되기 쉽다.

일본 오키나와현의 장수마을 주민들은 소금섭취가 약 10g으로 이 수치는 일본 전국 평균치보다도 80%낮은 수치로 소금에 절인 어패류, 젓갈소비는 적고 그 대신 생선회나 생선을 삶거나 하는 음식을 많이 섭취한다고 한다.

특히 일본인들이 좋아하는 쓰게모노도 오키나와인들은 즐기지 않는 것으로 조사되었다.

최근의 조사에 의하면 시중의 칼국수 식당에서의 소금섭취가 높은 것으로 조사가 되었는데 국물을 조금 심심하게 하고 다른 채소를 많이 넣어서 맛의 조화를 이루도록 하여야 할 것이다.

앞으로는 현재의 식생활보다 약 반 정도 적게 소금을 섭취하도록 식단계획을 세우는 것이 바람직하다.

즉, 가능한한 가공식품을 피하고 자연식품을 이용해서 음식을 만들고 맛을 내기 위해 조미료를 많이 사용하지 않도록 하며 김치는 싱겁게 먹도록 한다.

또 소금이나 간장의 양을 줄이고, 대신 레몬즙, 마늘, 겨자, 향신료 등을 많이 이용하면 좋다.

4. 건강지향과 건강식품

1) 건강 지향

(1) 건강의 개념

세계보건기구(WHO)는 "건강은 육체적, 정신적 및 사회적으로 건전한 상태를 말한다."고 정의하고 있다.

즉, 신체적으로 건강한 상태를 보여도 정신적으로 고민이 계속되는 상태에서는 건강하다고 말할 수 없다.

또 환경 조건이 좋지 못하다거나 경제적으로 일정한 수준에 도달하지 못하는 것도 진정한 의미에서 건강한 상태라고 말하기는 어렵다

다시말하면 건강은 심신에 질병이 없고 어느 정도의 환경변화에는 굴복하지 않는 적응력을 갖고 사회적의무를 적극적으로 수행하는 의욕에 찬 충실한 상태를 건강하다고 말 할 수 있다.

2) 건강증진의 현대적의의

인간은 병적요소와 건강요소의 양과 비율에 의해 이론적으로는 완전무결한 건강상태에서 죽음직전까지 이르는 연속적인 현상을 이루고 있다.(그림 11-1)

즉, 이 건강요소와 병적요소 2가지에 의해 환자가 되기도 하고 건강한 사람이 되기도 하는 것이다.

그러므로 인간은 건강적 요소를 높이는 노력을 일상생활에서 실천하는 것이 매우 중요하다.

그런데 이 건강은 유동적이고 가변적이어서 스트레스와 공해의 위협 속에서 생활하고 있는 인간은 이 조건에서 사회생활에 적응하는 능력(health potential)을 하는 것이 현대사회에서 말하는 건강증진, 건강유지 방법이다.

건강증진을 위해서는 생활속에서 적당한 운동(적극적인 신체활동 포함)을

[그림 11-1] 건강과 질병

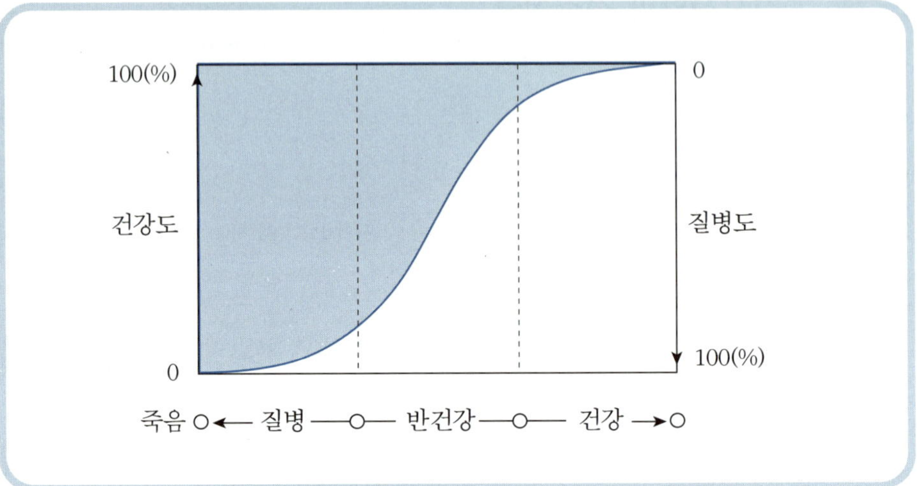

하고 동시에 균형잡힌 영양소 섭취, 휴식, 수면 등을 잘 조절하여 건강증진과 함께 활동적인 삶을 살 수 있도록 하여야 한다.(그림 11-2)

[그림 11-2] 건강의 3요소

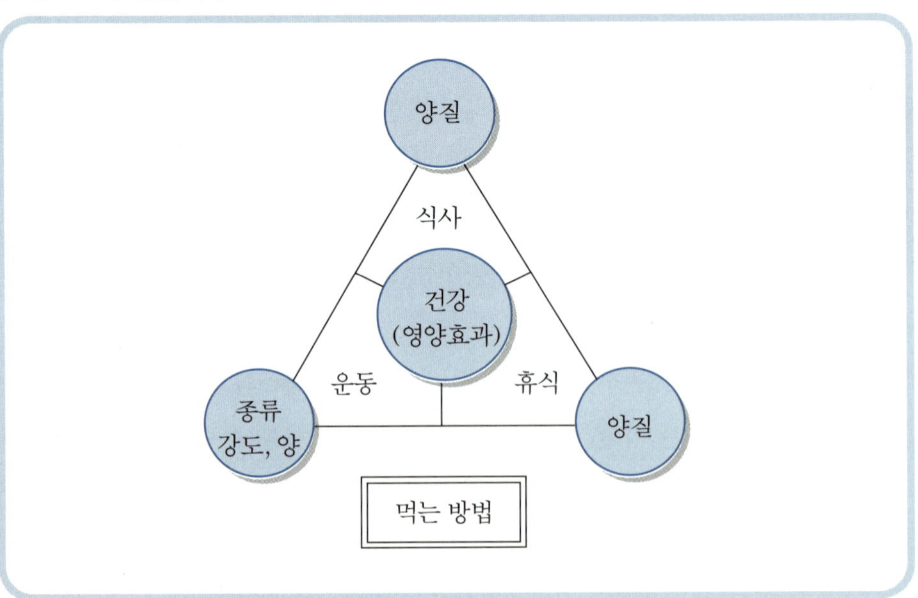

3) 건강의 불안 요인

(1) 식품 첨가물의 독성(食品 添加物의 毒性)

식품 첨가물은 식품의 제조, 가공, 보존의 목적으로 식품에 첨가하는 식품이외의 물질을 말한다.

증가하는 가공 식품에 있어서 제일 어려운 문제는 소비자가 식품에 첨가된 내용을 잘 알지 못하는 데 있으므로 식품 첨가물과 천연 첨가물의 내용을 표시하는 것을 의무화 하고 있다.

즉, 합성 첨가물은 원천적으로 전 품목에 대해 물질명 표시를 의무화 하였으며 특히 인공 감미료, 합성 착색제, 합성 보존료 등의 첨가물에는 그 용도도 명기하도록 하였다. 이렇게 함으로써 소비자가 그 내용을 알기 쉽게 하였다. 그러나 허가된 식품 첨가물에도 안정성에 대한 의문이 제기되고 현재까지도 연구가 계속되고 있는 것도 많다.

그러므로 자위 수단으로 표시된 내용을 잘 보고 식품을 평가하는 능력이 몸에 붙도록 할 필요가 있다.

(2) 잔류 농약의 식품 혼입(殘留 農藥의 食品 混入)

농작물에는 현재 300여 종의 농약이 사용되고 있는데 사용시기와 사용량은 농약마다 정해져 있으나 농작물에의 잔류는 피하기가 어렵다.

물론 잔류량이 많으면 인체에 해가 되어 문제를 일으키기도 한다. 농약 오염(濃藥 汚染)에는 직접 오염과 간접 오염이 있는데 직접 오염은 직접 약제가 살포되는 경우이고 간접 오염은 소나 양 등의 동물이 농약에 오염된 식물을 먹고 이것에 의해 오염이 되는 경우이다.

특히 농약 중에 인체에 해로운 것은 살충제(유기인계), 살균제(유기유제), 제초제, 식물 성장 조정제 등인데 이러한 약제가 식품에 혼입되는 것은 위험한 일이다.

(3) 용기, 포장재료, 세제의 유해성

최근 화학적으로 제조된 식기가 나오는데 식기 제조에 사용된 이러한 화학물질이 용출되어 인체에 해를 주기도 한다.

페놀수지는 페놀과 포르말린, 요소 수지와 메라민 수지는 포르마린이 용출되어 위생상 문제가 되고 있으며, 특히 사용 중에 상처가 난다거나 오래 사용한 식기는 문제가 있다.

또 도자기류 제조시 사용한 유약에 함유되어 있는 유해 금속이 용출될 가능성이 있는데 고온으로 구운 도자기에서는 납이 검출되지 않으나 저온에서 구운 도자기나 그림을 그려 넣은 도자기는 높은 온도로 굽기가 어려워서 납이 용출되기 쉽다.

납이외의 구리, 안티몬, 아연, 카드뮴 등이 용출되기도 한다.

최근 세제로 흔히 사용되는 소위 중성세제라고 불리우는 ABS(alkyl-bezen-sulfonate)의 유해성도 문제가 되고 있는데, ABS는 유화성은 좋으나 침투성이 강하여 수세에 의한 그 성분의 제거가 쉽지 않으므로 식기나 청과물은 충분히 흐르는 물로 씻어주지 않으면 인체에 해롭다.

세제의 중독 증상(中毒 症狀)으로는 임파구의 감소, 비장 축소 등의 만성 증상외에도 발암성 물질의 침투를 촉진시켜 태아 사망률을 증가시킨다는 보고가 있다.

4) 건강 식품 배경

최근에 건강식품을 선택하는 사람이 증가하는 추세에 있는데 건강보조 식품을 찾는 배경은 다음과 같다.

첫째, 성인병 증가와 국민 의료비의 증가를 들 수 있다.

매년 성인병으로 인한 사망 비율이 증가하고 있으며, 국민 의료비 또한 매년 큰 폭으로 상승하고 있다.

둘째, 인구의 고령화와 건강 염려증을 들 수 있다.

근래 우리나라의 고령화 속도는 매우 빠르게 진행되고 있어 이로 인해 건강 보조 식품에 의존하여 보다 나은 건강을 유지해보려는 경향이 크다.

셋째, 건강 보조 식품의 유행을 들 수 있다.

1980년대 초에 건강 보조 식품이 나온 이후 1980년대는 현미 효소 등 효소 제품이 1990년대는 스쿠알렌과 알로에가 2000년대는 야채효소, 식이성 섬유와 식초 드링크제 등이 유행하고 있다.

5) 건강식품(건강 보조 식품)

근래 건강 지향에 영합하여 건강식품이라고 일컫는 식품이 시장에 많이 나오고 있는데 건강식품은 학술적 용어는 아니고 상업적, 산업적(産業的)용어이다.

그동안 100년 이상 전 세계적으로 건강식품이라는 용어가 사용되는 동안 그 용어의 적정성 여부가 꾸준히 제기되어 왔으며 현재 어느 나라에서도 법적으로 건강식품에 대한 명확한 정의를 꾸준히 제기되어 왔으며 현재 어느 나라에서도 법적으로 건강식품에 대한 명확한 정의를 내려놓고 있지 않다.

그러나, 합리적인 정의를 내리기는 어렵다하더라도 "건강식품이란 식품에 통상 함유되어 있는 성분 중 인체에 좋은 부분을 적극적으로 활용하는 것을 목적으로 제조된 식품" 으로 정의 하는 것이 적절한 표현이라고 하겠다.

건강식품의 분류는 국민 식생활 관습, 영양상태 등을 고려해 다양하게 이루어지고 있는데 국제 Think Bank의 스텐포드 연구소는 건강식품과 인공적 다이어트 식품으로 나누었다.

자연 건강식품은 다시 협의의 건강식품, 자연식품, 유기식품 등 세 가지로 분류하였다 (그림 11-3).

한편 건강식품 시장이 커지면서 의약품과의 마찰의 소지가 논란의 대상이 되고 있다. 건강식품이 일반식품과 의약품의 중간에 위치하고 있다는 특성 때문에 이 문제는 앞으로 해결해야 할 과제로 남아 있다.

[그림 11-3] 건강식품의 분류

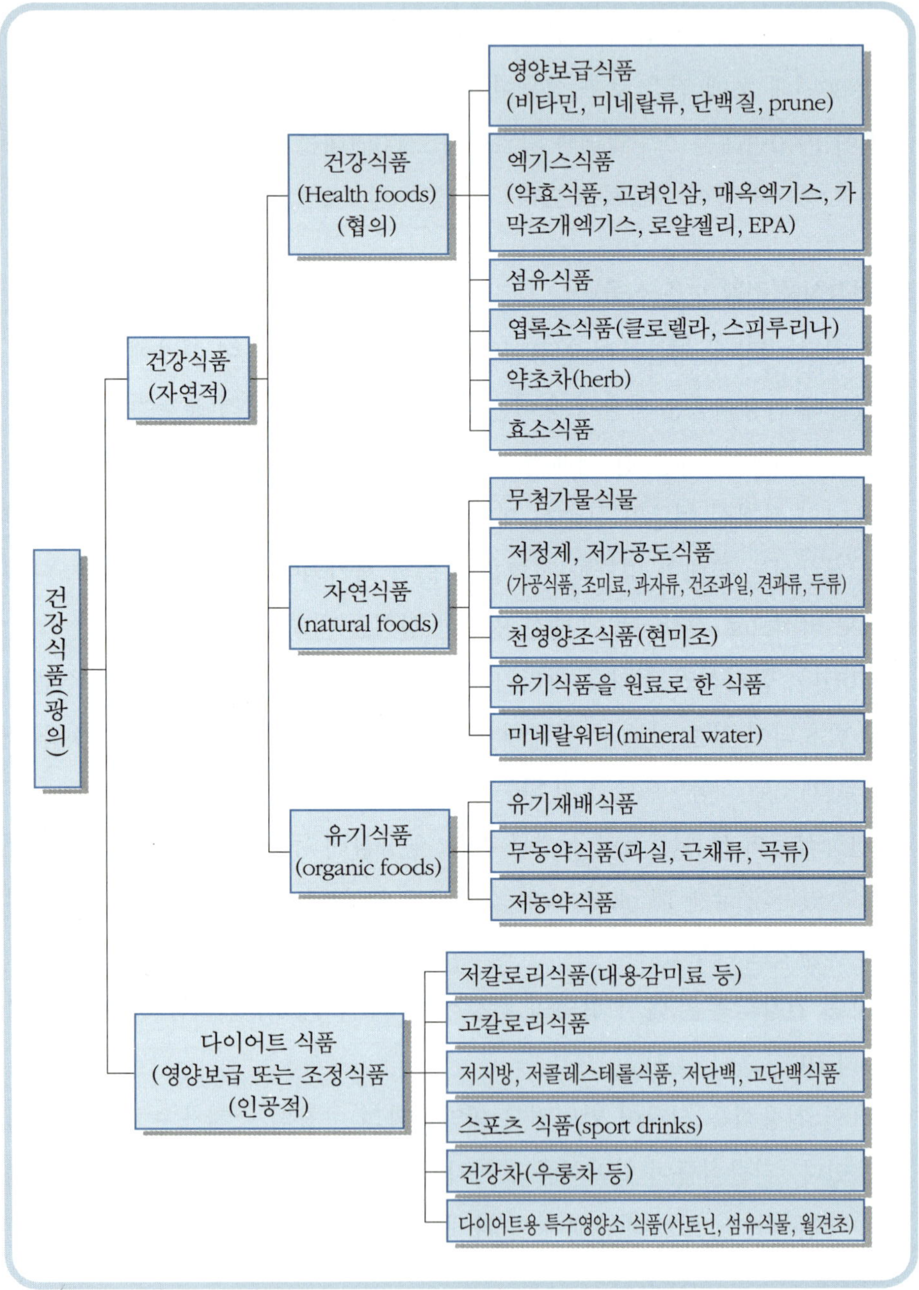

(1) 한국 건강식품의 분류

우리나라에서 생산 및 유통되는 건강 식품류의 유형을 분류하면 특정성분을 추출, 농축, 정제, 혼합 등의 방법으로 제조 · 가공한 「건강보조식품」특정용도에 제공할 목적으로 제조 · 가공한 「특수 영양 식품」인삼에 전통적 동 · 식물 생약원료를 혼합한 「인삼 제품류」와 전통적 식습관에 관련된 「차류」 그 외 단순 가공하여 만든 「기타 식품류」로 나눌 수 있다 (그림 11-4).

① 건강 보조 식품

식품의 특정 성분을 원료로 하거나 특정 성분을 추출, 농축, 정제, 혼합 등의 방법으로 제조 · 가공한 식품으로 구성되어 있으며 액상, 페이스트상, 분말, 과립, 정제, 캅셀의 형태가 있다.

② 특수 영양 식품

영 · 유아 · 병약자 · 노약자 · 비만자 또는 임산부를 위한 용도로 제조된 이유식류, 식이섬유, 조제유류, 영양보충용식품을 말한다.

③ 인삼 제품류

인삼 또는 홍삼을 주원료로 하여 제조 · 가공한 제품을 말하며 농축인삼류, 인삼분말류, 인삼차류, 인삼음료류, 홍삼차류와 음료 등으로 구성되어 있다.

④ 다류(차류)

식물성 물질을 주원료로 한 침출차, 분말차, 과실차등 음용을 주 목적으로 한다.

⑤ 기타 식품류

과실류와 채소를 절단, 건조, 농축 등 단순 가공한 것을 주원료로 한 것과 벌꿀, 추출가공식품, 가공소금 등이 있다.

[그림 11-4] 한국의 건강식품 분류

건강 보조 식품	• 정제어유(뱀장어유, EPA/DHA)		• 감마리놀렌산
	• 알로에	• 로얄젤리	• 옥타코사놀
	• 매실추출물	• 효모	• 대두레시틴
	• 칼슘	• 화분	• 알콕시글리세롤
	• 베타카로틴	• 스쿠알렌	• 포도씨유
	• 키토산	• 유산균	• 단백식품류
	• 프로폴리스	• 버섯	
	• 엽록소	• 조류(클로렐라/스피루리나)	
특수영양식품	• 이유식류 • 식이섬유 • 영양보충용 식품 • 특정용도 식품		
인삼제품류	• 농축인삼류	• 인삼과자류	• 홍삼분말류
	• 인삼분말류	• 당침인삼	• 홍삼차류
	• 인삼음료	• 인삼캅셀(정)류	• 홍삼음료
	• 인삼 통	• 병조림류	• 기타 인삼식품
	• 홍삼캅셀(정)류	• 농축 홍삼류	• 기타 홍삼식품
다류	• 침출차(녹차등) • 추출차 • 분말차 • 과실차		
기타식품류	• 과 · 채가공품류(녹즙등) · 벌꿀		
	• 추출가공식품(달팽이 엑기스, 산양동물추출물등)		
	• 재제 · 가공소금(죽염등)		

노화와 건강관리

1. 노화, 노년

모든 생물체는 태어나면 성숙하고 노화되어 죽음에 이른다.

노화는 생물체에서 나타나는 우주적인(universal phenomenon)현상이며 인간이 생겨난 이래 노화에 대한 의문은 계속되고 있다.

그러나 노화현상에 대한 이해는 아직도 불확실한 점이 많이 남아 있다.

노화를 어떻게 정의 할 것인지에 대해서는 오래전 부터 논쟁이 되어 왔으나 아직까지 일치된 정의는 없다.

그 이유는 공통적인 생물학적 지표(viomarker)가 발견되지 않아 생물학적 노화의 표준을 제시하는데 어려움이 있기 때문이다.

인간의 노화에는 생물학적, 사회학적, 경제적, 심리학적 변화 모두가 포함되며 인간의 내적, 외적 변화 모두 상호 관련되어 있다.

현재 노화에 대한 일치된 정의는 없으나 많은 노화 학자들은 노화를 외부의 스트레스에 대한 반응력의 저하라고 인식하고 있다.

Griffiths 와 Meechan(1990)은 "노화를 신체의 항상성(恒常性) 유지를 위한 각종 적응반응의 진행적 쇠퇴" 로 정의하였다.

인체는 상당한 정도의 예비용량(reserve capacity)을 갖고 있어 외부 자극 및 손상에 대한 적응력이 오랜 기간 지속될 수 있다. 그러나 노화가 진행되면서 외부에 대한 적응력이 점차 감소하게 된다.

협의의 정의로서의 노화 즉, 노쇠(senescence)는 성숙기 이후에서 부터 생체의 죽음까지의 변화를 지칭한다.

노쇠기는 생물체의 분해와 수복의 균형이 맞지 않아 전체적으로 분해가 더 많은 기간이기도 하다.

신체의 노화를 말할 때 중요한 두가지 개념이 있는데

① 모든 생물체는 동일한 속도로 노화되는 것은 아니며

② 모든 장기(심장, 위, 뇌등)는 동일한 종(species)에서도 같은 속도로 노화되지 않는다는 것이다.

인간이 성장하여 50~60대의 중년기가 되면 각종 노인에서 보이는 피부 쭈글거림, 흰머리, 근육 약화, 자세가 굽고 행동이 느려지고 만성질병이 많이 나타난다.

이러한 노화현상은 전 생애를 통하여 천천히 진행되고 축적되어 나타난다.

노화현상은 다양한 형태로 나타나는데 주로 생물학적 견지에서 본 특징을 표 12-1에 정리하였다.

〈표 12-1〉 노화의 특징

• 성장기 이후 연령 증가에 따른 사망률 증가
• 생화학적 체내 구성 성분의 변화 : 저지방체중(lean vady mass)감소, 지방증가 일부 세포의 lipofuscin pigment 축적, collagen 증가
• 광범위한 진행성, 퇴행성 변화
• 환경변화에 적응하는 능력의 감퇴
• 각종 질병에 대한 취약성 증가

(Cristofalo, 1990)

2. 인간의 수명과 고령화

생물체의 생존기간에는 수많은 인자가 관련되어 있다.

유전적 특징에 근거한 내적인자와 환경에서 유래되는 외적인자가 있는데 내적인자는 가장 오래 살수 있는 최대 수명의 근거가 되고, 외적인자는 최대 수명에 영향을 미쳐서 수명을 단축시킨다.

내적인자가 존재한다는 것은 가계조사, 일난성 쌍생아들의 연구에 기초하는데 장수하는 부모의 자녀들은 대체로 오래 살며 일난성 쌍생아들은 각각 다른 환경에 살아도 수명은 비슷하였다는 조사에 의한다.

한편 외적인자에 의한다는 설은 좋은 환경에서 사는 사람들이 장수하는 경향이 있고 결혼한 사람들이 혼자 사는 사람들 보다 더 오래 사는 경향이 있는 것으로 보아 노화에 외적인자가 있음을 보이고 있다.

평균수명은 집단의 모든 구성원의 죽는 연령을 합산하여 개체수로 나눈 것인데 인간에 있어서 기대 수명은 특수한 기간 동안의 평균수명이다.

이것은 집단구성원이 죽는 연령에 근거하여 보통 10년 마다 계산한다.

한편, 최대 수명은 평균 수명과 달리 한 집단에서 가장 오래 산 기록에 근거한다.

인간의 최대 수명은 약 110~120년 사이라고 알려져 있다.

3. 운동과 수명

달라스의 에어로빅 연구소와 쿠바 진료소가 공동으로 1,300명의 중류이상의 미국인 백인 남녀를 대상으로 8년간에 걸쳐 계속 조사를 실시하였는데 먼저 연구대상자 전원을 뜀뛰기를 시켜 런닝(running) 지속시간을 기준으로 하여 폐기능을 중심으로 한 체력 측정을 하고 대상자의 체력 레벨을 5단계로 분류 하였다.

체력 ①은 달리기를 시작한 후 곧바로 뛰지 못하는 그룹으로 거의 "체력없음" 인 사람이었고(거의 평소 운동을 안하는 군), 체력 ⑤는 1일 7~9km의 조깅을 하는 고도로 운동을 잘하는 그룹이었다.

이렇게 하여 8년간에 걸쳐 건강조사를 하여 10,000명당의 사망률을 체력 레

[그림 12-1] 수명과 체력

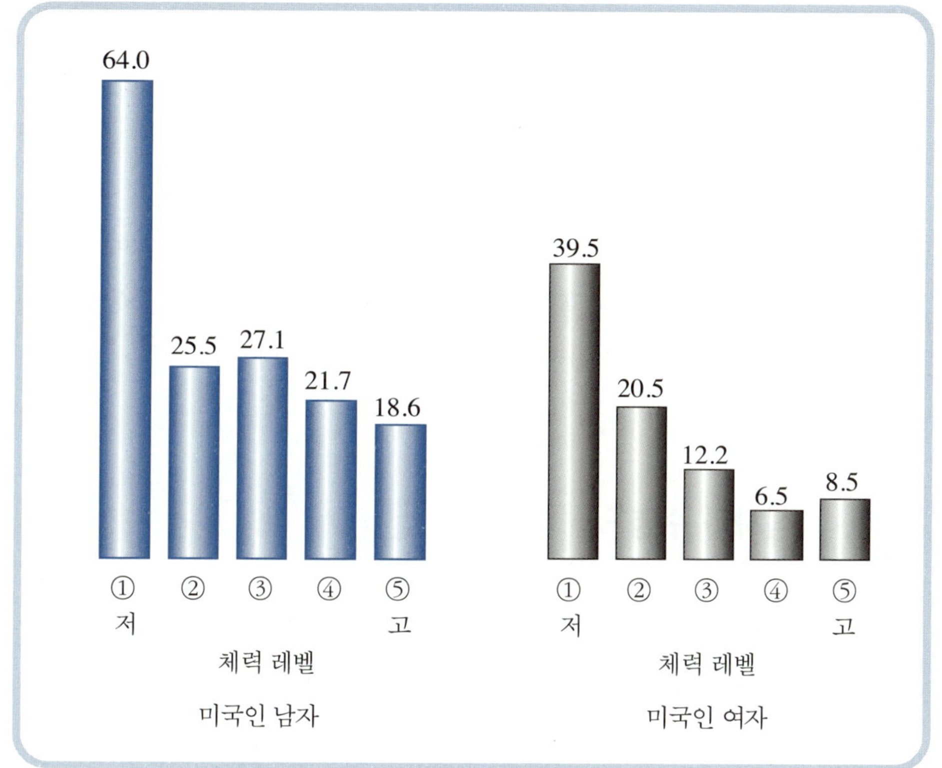

벨로 측정하였다. 그결과 체력 레벨 ①~⑤의 사망률은 체력 레벨이 낮을수록 높고 체력 레벨이 높을수록 사망률이 저하하는 경향이 남녀 모두 인정되었다.

특히 주목되는 것은 체력 레벨 ①의 사망률이 남녀 모두 체력 레벨 ②~⑤의 사망률에 비해 월등히 높다는 것이다. (그림12-1)

또 체력 레벨 ③에서 ⑤까지 올라가고 사망률의 저하는 남자 8, 여성에서 3과 같이 조금밖에 저하하지 않는데 비해 체력 레벨 ①에서 ②로 한단계 올라갔을 뿐인데 사망률은 남자 38, 여자 19로 대폭 저하한다는 사실은 특히 주목할만하다.

체력 ①에 비해 사망률이 큰폭으로 낮아 보통 매일 30-60분, 땀이 나는 속보로 걷는 정도의 운동으로 충분하다.

이 연구 결과는 운동을 하지 않고 게으른 생활을 하는 "체력없음" 그룹에게 경종을 주는 대목이다.

그런데, 운동을 하여 체력 레벨을 높게 유지해 가는 것과 수명 연장과는 어떤 연관이 있는지를 생각해 보면 운동을 하면 심장에 분포되어 있는 관상동맥이 굵어 지고, 단단해 진다. 이 때문에 혈전이 되기 힘들고 심장병예방이 된다.

또한 최근 연구에서 운동을 생활화하는 사람들에서 심장병 뿐만 아니라 대장암에 의한 사망률도 저하되고 있다고 보고 하고 있다. 그 이유는 운동을 하면 대장의 연동운동이 활발해지기 때문이라고 설명하고 있다.

4. 식사와 수명

우리들의 신체는 음식물에 함유되어 있는 영양소에 의하여 형성되며 이것은 항상 바뀌는데 항상 일정한 속도로 진행된다.

일반적으로 영양이 좋다는 말은 건강하다는 것과 통하며 영양 공급은 식사(음식)을 통하여 이루어진다.

일반적으로 나이가 들면 기초대사량이 감소하는데 기초대사량은 체온유지, 호흡, 혈액순환, 또한 각종 내장기간 그 자체의 세포활동에 필요한 최소의 대사량을 말한다.

여기에 노년기가 되면 활동량도 줄어들게 되므로 총영양소요량이 적어지게 되고 따라서 적게 섭취하는 것이 건강에 좋다.

또한 건강하기 위해서는 어느 정도의 체력을 갖고 최대 산소 섭취량이 남자 40~50ml/kg/분, 여자 32~40ml/kg/분 이상일것이 요구되는데 이렇게 하기 위해서는 장시간의 빠른 보행(190m/분)을 생활습관으로 하는 것이 좋다고 한다.

성인의 에너지 섭취량은 보통 2,000kcal 정도이나, 약 40% 가까운 사람들이 과잉섭취를 하고 있으므로 이것을 소비하기위해서는 운동을 하는 것이 바람직하다.

또한 나이가 들어감에 따라 씹는 힘이 약화되고, 맛을 감지하는 세포(미뢰)가 감소되어 미각이 저하된다.

특히 짠맛의 감각이 둔해지기 때문에 짠맛을 좋아하게 되어 식염의 섭취가 많아져 고혈압이나 심장병을 유발하기가 쉽다.

또한 위산의 분비가 저하되어 위액의 펩신도 저하되므로 단백질을 너무 많이 섭취하면 소화불량이나 설사를 할 수 있으므로 양질의 단백질로 소화가 용이한 것을 선택하는 것이 바람직하다.

또, 장의 운동기능이 저하하여 변비가 되기 쉬우므로 야채를 섭취하도록 권장하고 매일 아침에 냉수를 마시는 등의 식습관이 요구된다.

식사 할 때는 과식하지 말고 천천히 씹어먹도록 하며 무리하지 말고 한끼 한끼를 중요시 하여야 하다.

고령자는 건강을 지탱하고 쇠약해져가는 육체의 여러기능을 회복시키기위해서는 음식물이 매우 중요하므로 식사가 갖은 의의는 매우 크다고 하겠다.

여기에 가족이나 여러사람들과 같이 어울려 먹는 즐거움을 부여한다면 더욱 바람직한 식환경이 될 것이다.

5. 영양과 수명

생명을 유지하여 건강한 일상생활을 영위해 나가자면 매일의 식생활이 중요하다.

그러므로 식생활을 뒤돌아 보고 먹는것, 먹는 방법의 중요성을 인식하는 것이 식생활에 주어진 과제이다.

1) 수명과 대사

생체는 대사에 의하여 생명을 유지하고 있으며, 지구상에는 수명이 없는 생체는 존재하지 않는다.

인간은 정자와 난자의 결합에 의하여 그것이 분화하고 성숙하고 노화하고 그리하여 죽음에 이르는 것이다.

그런데 이 수명은 무엇에 의해서 규제되는가는 아직 잘 알려져 있지 않으나 항상성의 교란, 대사조절의 교란, 호르몬의 이상, 효소 활성의 변화에 의한다고 설명하고 있다.

수명과 특히 밀접한 관계를 갖는다고 하는 단백질, 지질, 당질의 대사등은 유전적으로 지배되어 있는 효소가 나타내는 활성에 의하여 어느것이나 선천적으로 지배되어 있을 가능성이 강하다고 보고 있다.

예를 들면 phenylalaninhydroxylase 결손에 의한 phenylketon 뇨증일때 50%는 20대에 사망한다고 한다. 이것은 효소 단백질의 질적 및 양적 변화에 의하여 효소 활성의 저하를 가져와 이것이 대사 이상으로 이어져 단명이 된다고 해석되고 있다.

그런데 이 대사를 지탱하고 그 속도를 조절하고 있는 것은 효소인데 그 효소자체는 단백질이다.

DNA의 지배하에 생체내에서 만들어져 그 역할을 다하면 파괴되어 간다.

즉, 체내에서 만들어진 효소도 또, 일정한 수명을 갖고 있는 것이다.

단백질의 체내에서의 합성 속도가 저하하고 효소 활성이 양적으로 저하하면 효소에 의하여 작용하고 있는 대사의 속도가 저하하고 그 결과 대사될 물질이 체내에 축적되는데 이것이 노화로 또는 질병으로 이어진다고 생각되고 있다.

2) 항상성(Homoeostasis, 恒常性)

건강하려면 몸을 구성하고 있는 세포가 활동 하는데 필요한 성분을 섭취하고 환경조건에 좌우되지 않는 일정한 기능을 갖는 것이 필요하다.

Cannon(1871~1945)이 항상성(恒常性)이란 말을 사용하였는데 항상성이란 말은 고정적이고 움직이지 않고 정지한 상태를 나타내는 것이 아니라 변화해 가는데 대해 상대적으로 상향적인 상태를 나타내는 것이다.

이 항상성 유지의 붕괴가 질병으로 이어지는 것으로 항상성을 유지하기 위해서는 두가지의 큰 조절기구가 있다.

그것은 신경성 조절과 내분비성 조절이다.

전자는 자율신경계에 의한 조절이며 그 중추로서 간뇌 시상하부를 들 수 있다. 후자는 뇌하수체를 중심으로 한 내분비계에 의하여 행하여지고 있다.

더욱 간뇌 시상하부와 뇌하수체는 서로 관련을 가지면서 항상성을 유지하고 있다.

6. 건강을 만드는 조건

건강을 유지 증진 시키는데는 3가지 조건이 있다.

즉, ① 식사 ② 운동 ③ 휴식으로 이 관계를 균형 있게 잘 유지 하는 것이 필요하다.

1) 음식물의 내용

영양상태를 좋게 하는 것은 음식물을 통하여 건강도를 높이는 것이다.

① 생명을 유지하고 성장을 촉진하고 활동을 하기 위해 필요한 에너지를 공급하는 것이다.

② 성장에 필요한 성분과 조직에서 소모되는 양을 보충하는 것이다. 성장기에는 특히 단백질과 기타 영양소의 필요량이 증가한다.

③ 몸의 활동을 조정하고 대사를 원활히 할 성분을 공급하는 것이다.

④ 기호를 충족시켜 생활을 풍요롭게 하는 것이다.

기호에 맞는 음식은 마음을 풍요롭게 할 뿐만 아니라 소화 흡수의 능률을 높여 건강에 좋은 영향을 준다.

2) 현대인의 건강과 영양

과거에 비하여 현대는 영양섭취가 양호하고 공중위생 시설 등의 개선에 따라 감염증의 격감, 유아사망의 저하를 가져왔고 그 결과 평균 수명이 연장되었다.

일본이 세계에서도 최장수국이 되었는데 그 결과를 살펴보면 북부 지역은 남, 녀 모두 완만한 상승커브로 평균 수명이 증가한데 비해 일본에서는 1960년에서부터 급커브를 그리면서 평균수명이 증가되었다.

그 결과 노인인구가 증가되어 2025년에는 약 3,000만명 으로 추계되어 인구 전체의 23,4%로 약 4명에 1명이 65세 이상의 고령자가 될 것으로 보고 있다.

이것으로 볼 때 영양 상태의 개선에 의하여 건강도도 향상된 것으로 보이나 실제로는 그렇지 않다.

환자수의 추이는 환자수가 도리어 증가하는 경향이다.

영양상태가 개선되었는데도 불구하고 건강도는 반드시 상회하는 것은 아니다.

즉, 총 사망 중 성인병의 점유율이 1935년에 17.8%에 불과 하던 것이 1987년에는 64,8%에 달하였다.

1981년 이후에는 암에 의한 사망률이 제일 높았고 그 이전에는 뇌혈관 질환이 제일 높았다.

이것은 감염에 의한 질병격감과 동물성 단백질 섭취의 증가 등 식생활의 개선 결과라고 생각하여도 좋을 듯하다.

이와 같이 식생활의 내용이 변하면 질병구조의 변화도 일어남을 알 수 있다.

3) 영양량과 평균수명과의 관계

스웨덴과 일본, 여기에 인도를 포함해서 3개국의 영양공급량과 평균 수명과의 관계를 검토해 보면 스웨덴의 평균 수명의 수준은 1950년대에는 "B" 정도(남녀 모두 70세이상)를 달성하고 있다.

이때 이미 열량은 3,000kcal를 충족시키고 단백질의 공급량은 80g을 넘고 있다.

일본의 경우에는 1950년대 평균 수명수준은 "C" 정도(남녀 모두 60세 이상) 이었다. 그 당시 일본인의 열량은 약 2,000kcal, 단백질은 약 60g 이었다.

그러나 그 이후 열량은 증가해 1970년대에 에너지 공급량이 2,700kcal, 단백질 공급량은 80g을 넘었다. 이때의 일본인의 평균수명은 남녀 모두 70세를 넘고 "B" 정도가 된것이다.

이와 같은 일본인의 영양상태 개선과 식생활 향상이 일본의 평균 수명을 급속히 연장시키는 큰 이유가 되고 있다.

그러나 인도는 오래 동안 남녀 모두 평균수명이 "E" 정도(50세 이하)로 변화가 없다. 인도가 "O" 정도(남녀 모두 50세 이상)된 것은 1980년대에 들어서부터의 일이다.

이러한 저열량 상태가 인도에서의 평균수명 연장의 부진함을 초래하고 있는 큰 요인의 하나라고 생각되어진다.

7. 노년기의 영양관리와 건강관리

의학의 발달과 경제발전으로 한국에서도 65세이상 노인인구가 1970년에는 3.1%에 불과 하였으나 1990년에는 5.1%이었으며, 2010년에는 9.9%가 되리라고 전망하고 있다.

그러나 수명이 연장된 것 만큼 노인의 건강 및 영양상태가 좋아졌다고는 말할 수 없는데 1998년도 한국 보건 사회연구원이 실시한 "노인 생활 실태조사" 자료에 의하면 조사대상의 86.7%가 만성질환을 한가지 이상 앓고 있는 것으로

나타났으며 연령이 증가 할수록 질환의 유병율이 증가하고 있었다.

만성 질환은 노인건강과 관련되는 주요 요인이므로 이를 질병과 관련된 위험 요인 또는 예측 지표를 확인함으로써 노인의 영양상태를 진단하는 것이 바람직 하다.

노인의 건강과 활력을 유지시켜 주는 가장 효과적인 방법은 영양공급이다.

그러나 노인들은 생리적 변화 뿐만 아니라 사회적, 심리적 요인에 의해서도 음식 섭취량이 줄어들므로 영양상태도 나빠지게 된다.

그러므로 노인의 건강상태를 평가하는 것은 일반 성인의 경우와는 달리 하여야 한다.

1) 영양관리

(1) 열량과 단백질

연령이 증가 할수록 기초 대사율이 감소하는데 이것은 생리적으로 활성이 있는 조직인 근육량의 감소와 밀접한 관계가 있다.

그러나 운동은 체지방량을 감소시키고 근육량은 증가시켜 체성분의 변화를 바람직한 방향으로 조절하는 효과가 있다.

개개인의 활동정도, 휴식, 대사필요량 등이 다르므로 에너지 필요량도 일률적으로 정하는 것보다 개개인의 식사패턴과 생활 양식에 따라 기준을 정하는 것이 바람직하다.

과다한 열량 섭취는 체중 초과, 비만이 되기 쉽고, 비만이 되면 관상동맥질환, 당뇨병 등의 질병 이환율을 높여 수명을 단축시킬 수 있다.

이와 같이 호리호리한 사람이 오래 살것으로 생각하기 쉬우나 노인에서는 체중부족보다는 체중과다가 질병 발생률이나 사망률이 낮았다는 보고도 있다.

미국 매릴랜드주 볼티모어 국립노화 연구소 산하 노인학 연구센터(Baltimore Longitudinal Stady of Aging)의 연구에서는 중년 남녀의 경우 기존의 키, 체중 환산표에 나와있는 적정 체중보다 약 20% 과체중인 사람의 사망률이 가장 낮은 것으로 나타났다.

또 Andres(1994)의 연구에서 15~69세 연령층으로 구성된 420만개의 보험증권 자료를 수집하여 분석한 결과 나이가 들수록 적당히 체중이 느는 사람이 장수할 확률이 높은 것으로 나타났다.

그러므로, 노인의 체중 감소는 도리어 해가 되므로 표준체중을 유지하는 수준에서 조절하여야 한다. 단백질 필요량은 과거의 단백질 섭취량, 열량섭취량, 스트레스 등에 따라 결정되며 일반성인과 비슷하다.

(2) 무기질

철분 필요량은 성인 남・녀와 동일하게 1일 12mg을 권장하고 있다.

여성의 경우 폐경기 이후 필요량은 감소하나 위산분비 감소, 위궤양이 있으면 철분 공급이 더 요구된다.

한편 노하에 따른 에스트로젠 호르몬 분비의 저하와 더불어 비타민D 대사가 변화하여 칼슘 흡수 능력이 저하되고 뼈로부터 칼슘손실이 일어나므로 칼슘 필요량은 오히려 높아진다.

그러므로 노년기에도 칼슘을 충분히 섭취해서 증가된 체내 요구량을 충족시켜 주어야 한다.

현재 한국인은 성인과 노인 구분없이 1일 700mg을 권장하고 있다.

나트륨은 미각의 둔화로 짜게 먹는 경향이 있으므로 과잉 섭취가 되지 않도록 한다.

특히 고혈압, 심장병, 신장병이 있는 노인들은 식염을 포함한 나트륨 섭취를 엄격히 제한하여야 한다.

그러나 그 외의 무기질은 아직 정확한 필요량이 규명된 바 없으나 일반 성인과 크게 다르지 않다.

(3) 비타민

노인의 경우에 노출되는 기회가 적어지고 젊은 성인과 비교할 때 피부에서의 비타민 D_3의 합성능력도 반으로 줄어들므로 비타민 D의 부족증상이 나타날 수 있다.

칼슘의 섭취부족과 함께 비타민 D의 섭취가 부족하면 골다공증과 골연화증의 발생률 및 골격율이 급격히 증가하게 되므로 한국에서도 50세 이후에는 정상성인(1일 5μg)보다 많은 하루 10μg을 권장하고 있다.

기타 에너지 대사와 관계있는 비타민 B_1, 비타민 B_2, 나이아신 등의 권장량은 노인들의 에너지 요구량 감소에 따라서 성인보다 약간씩 낮으며 그 외 비타민 권장량은 표준 성인과 같은 수준으로 권장한다.

2) 건강관리

우리는 건강하게 살고 싶다는 욕망이 있는데, 건강이 의식되는 것은 건강하지 못할때이며 씩씩할때는 의식되지 않는 것이 보통이다.

건강이란 「자각할수 있는 신체의 바람직한 현상」이며 그것이 지속성을 갖고 있는 상태라고 말 할수 있다.

본능적인 「건강」지향을 생활중에서 잘 발휘하고 살아가면 좋은데 그 기본은 매일의 생활 방식, 생활 패턴으로 그것을 다시 한번 바로 잡아 보는 것이다.

① 몸의 리듬을 생각한다.

우리들의 하루는 수명과 각성으로 된 24시간의 리듬을 갖고 있다.

하루의 대부분을 잠만 자는 사이클이 3~4시간의 주기로 된 다상형(多相型)리듬이나 생후 6~7주 지나면 야간에 수면이 집중되는 단상형(單相型)리듬이 되고 노년기에는 다시 다상형으로 되돌아 간다.

단상형 수면은 대뇌의 발달에 따라 형성되며 수면~각성의 리듬은 자율 신경계(교감신경과 부교감신경)에 의하여 지배되고 있으며 영양소의 소화흡수의 대사리듬의 기준이 된다.

일반성인의 생활에서는 식사에 1.5~2.0시간을 사용하며 14~15시간을 일이나 기타 활동에 쓰고 있는데 보통 대부분의 사람들은 1일 3식을 기본으로 하고

이 식사리듬은 약 200년전부터 일반화 되고 있다.

그러나 최근 사회의 변화, 개인의 생활 개성화 등에 의해 젊은이들이나 도시인 중에는 1일 2식이나 간식을 취하는등 식사의 섭취 방식이 다양화 되고 있다.

② 완전공복과 왕성한 식욕

위가 비게 되면 혈당치나 혈중 아미노산의 저하, 유리 지방산 농도의 상승 체온 하강 등이 있게 되며 이것은 식욕을 높이는 조건이 된다.

혈당치는 그 중에서도 중요한 인자로 생각되고 있다.

즉, 공복중추(간뇌의 시상하부 외측핵)가 혈당치가 저하된 것을 감지하여 흥분하여 공복감을 갖게 한다.

식사를 하면 위가 확장되고 혈당치와 체온이 상승하여 이번에는 만복중추(시상하부 내측핵)이 흥분하여 식욕이 저하된다.

공복감과 함께 식욕도 중요한 인자로 작용하는데 식욕은 심리적 요소가 강하다.

③ 운동으로 에너지 섭취를 자동조절한다.

사람과 동물은 에너지 소비량에 알맞은 음식섭취를 행하는 자동조절능력을 가지고 있다.

이와 같이 태어날 때부터 구비되어 있는 능력에 운동을 일상화하면 섭취 열량이 무의식적으로 조절된다는 것이 랫트나 사람에서 알려지고 있다.

즉, 운동 부족이 되면 열량 섭취양이 자동적으로 조절되는 능력이 발휘되지 못하여 비만해진다는 것이다.

현대인들은 운동부족으로 인해 이 에너지 섭취량을 감지하는 센서가 잘 작동하지 않기 때문으로 여겨진다.

에너지 섭취량을 적절히 조절하면서 살아가기 위해서는 매일 땀을 흘리는 생활을 하여 절식(공복)~식사(만복)~절식의 주기에 신축성이 있는 리듬을 확렵하는 것이 좋다.

여기에 수면을 첨가하면 활동(노동이나 운동)과 식사가 리드미컬하게 된다.

3) 운동 – 식사 – 수면의 편성법

(1) 수면

현대인은 운동부족에 빠지기 쉽고 에너지 수지가 흑자가 되기 쉬우며, 여기에 식생활의 풍요로움으로 인하여 동물성 단백질, 지방 등의 섭취가 급속히 늘어나는 추세에 있다.

과거에는 장시간 걷는 것이 당연하였으나 현대인은 장시간 걷는 다는 것이 불가능하며 또한 노동이나 가사의 질과 양은 크게 경감되고 있는데 영양소 섭취량은 감소하지 않고 있다.

그래서 필요한 것이 일상의 활동량을 증가시키기 위한 운동이다.

운동은 수면양(수면양=수면의 깊이×수면시간)을 충분히 취하기 위해서도 필요하다.

수면은 취침 → 입면(入眠) → 멘렘수면 → 렘수면의 과정으로 진행된다.

멘렘 ↔렘 수면이 4~5회 반복되면서 7~8시간에는 다시 깨어나게 된다.(그림 12-2)

[그림 12-2] 수면 주기

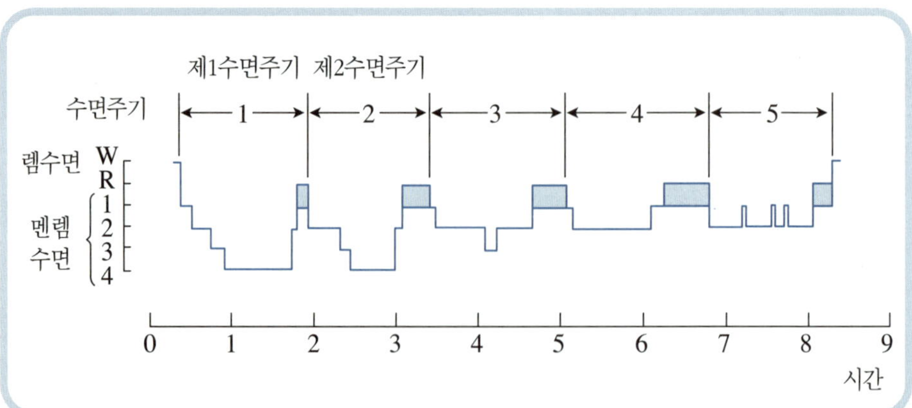

수면의 깊이는 수면(제 1단계~제 4단계)시간과 그중에서도 가장 깊은 수면인 제 4단계 수면인 멘렘수면이 차지하는 비율로 알 수 있다. 운동은 멘렘수면양을 증가시킨다.

그러나 활동량이 적은 사람이나 노인의 멘렘 수면양은 감소한다.

멘렘 수면중에 부교감 신경이 생리적인 조절을 하고 있는데 특히 호르몬분비에 특징을 보여 성장호르몬이 취침후의 최초의 멘렘수면에 들어 갔을때에 뇌하수체 전엽에서 대량으로 분비된다.

잠자는 아이가 자란다고 하는 것은 수면중에 몸만들기가 활발하기 때문이다.

프로락틴(Prolactin)이나 항체 형성 호르몬등의 분비도 수면중에 높아지고 위나 소장의 운동도 활발해져 소화, 흡수 작용도 항진되고 단백질 합성도 왕성해 진다.

즉, 수면중에는 영양소의 대사가 분해보다는 합성에 크게 기울어 진다.

이와 같이 수면은 신체구성, 몸의 복구, 체온조절 등 건강 만들기에 중요한 의미를 갖는다.

그러므로 충분한 수면양을 확보하기 위해서는 운동으로 땀을 흘리고 생활의 리듬이나 영양효과를 발휘 하도록 하는 것이 매우 중요하다.

(2) 운동(신체적 활동도 "파워와 스태미나"를 높이기 위한 방법)

① 운동방법

인생을 활발하게 살기 위해서는 하고자 하는 생각이 충만한 지적활동도로 산다는 것이 중요하고 여기에 더하여 고된일에도 견딜수 있는 힘과 스테미나를 몸에 배게하여 높은 신체적 활동도(活動度)를 가지고 활동적으로 사는 것이 필요하다.

건강하고 원기있는 몸을 만들기 위해서는 근육을 튼튼하게 만들고 심폐기능을 강화시켜야 한다.

먼저 1일 5분간 자기를 위한 시간을 갖도록하는데 아침에 일어나서 바로 하거나 밤에 목욕하기전이나 취침전등이 적당하다.

아침에 일어나서 바로 운동하는 것은 하루를 건강하게 보내는데 도움이 되므로 권장할만하다.

또 팔,어깨와 가슴의 근육강화훈련을 위해서는 양손에 아령을 가지고 들어올렸다가 내리는 운동을 반복해서 하는 것이 좋으며 심폐기능을 높이기위해서는 조깅이나 수영 또는 에어로빅 같은 운동을 하는 것이 좋다.

② 여성의 21세기(노후에 대비한 운동을 중심으로)

일본의 후생성 발표에 의하면 1992년통계에 의하면 65세이상의 고령자수 1,64만명(전체 인구의 13.1%) 중 병석에 누워서 지내는 사람이 이중 84만명(5%)이라고 한다.

이러한 상태로 지내는것은 누구나 싫어하는 삶이다.

그런데 남성과 여성에서 어느쪽이 병석에서 지내는 확률이 높은가 하면 65세 이상의 고령자는 남성과 여성의 비율이 3:2이라고 한다.그러나 85세가 되면 여성의 비율이 높아져서 1:2가 된다고한다. 그렇다면 여성이 나이들어서 병석에 누워서 지내지 않으려면 어떻게해야 되느냐 하는 문제가 제기된다.

그 방지책으로 나이가 들기전에 혈관이나 뼈,근육을 단단하게 하는 것이 중요하다.

근육을 단단하게 만들어놓으면 넘어진다거나 계단 등에서 몸을 지탱하는 힘이 커서 사고를 방지할 수가 있다고 한다.

여성은 특히 남성보다 무거운짐을 운반하는 중량훈련이 부족하므로 조깅이나 댄스 또는 수영을 하거나 중량 훈련을 체육관에서 하는 것이 좋다.

또한 체지방을 줄이고 근육량을 늘리는 노력을 하여야 하는데 이는 훗날 병석에서 누워지내는 것을 방지할 수 있는 좋은 방법이기도 하다.

그러므로 아령이나 바벨 등을 집에 준비해두거나 체육관에 1주일에 2-3회 나가 자기에게 맞는 운동을 꾸준히 하는 것이 좋다.

중학생까지의 여자아이들은 철봉을 사용하여 자기의 체중을 활용하는 몸만들기운동과 복근운동을 함께하는 것이적당하다.

그후에서 중년까지는 바벨이나 아령등을 이용하여 팔,다리,배,등을 골고루 자극하여 튼튼한 몸을 만들도록하는 것이 좋다.

활발한 사회활동을 하고자하는 여성들은 꾸준히 근육몸만들기를 하는것이 좋다.

(3) 식사

건강한 생리기능을 유지한다든가 병에 잘 걸리지 않는 몸을 만들기위해서는 어떻게 하는 것이 좋은가에 대해 일본의 학자는 "우리들이 건강하기 위해서는 어느 정도의 체력을 갖는 일, 최대 산소섭취량은 남자 40~50ml/kg/분, 여자 32~40 ml/kg/ 분 이상일 것, 그리하여 이 체력을 얻기 위해서는 장시간 빠른 보행 90 ml/kg/분을 생활습관으로 할 것이다" 라고 말하고 있다.

성인의 에너지섭취량은 평균치의 약 40% 가까운 사람들이 소요량의 10%이상을(200~300kcal)을 과잉섭취하고 있다.

그러므로 이 과잉의 열량을 소비하기 위해서 다소 빠른 걸음으로 50~75분간 걸어서 에너지를 소비하도록한다.

[그림 12-3] 섭취방법과 수명(Rat)

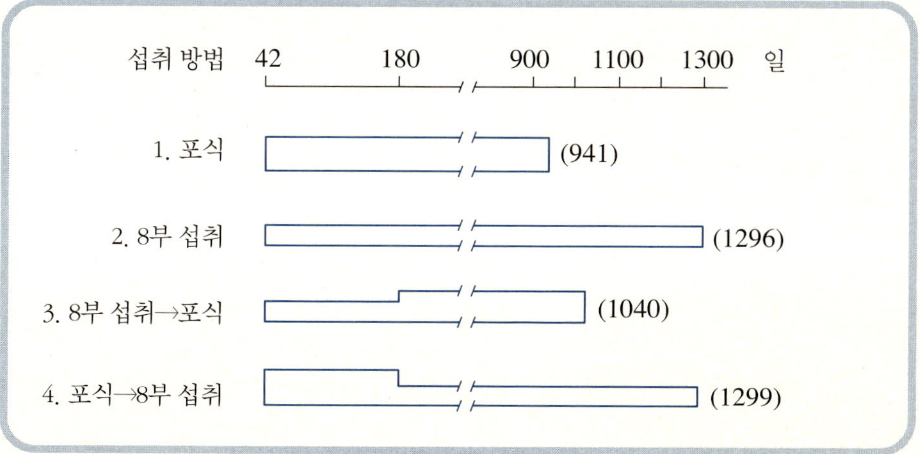

또다른 방법은 섭취량을 줄이는 것인데 텍사스대학의 유박사 등은 생후 6주정도의 랫트를 사용하여 포식과 위의 8부 정도를 먹는 것이 수명과 어떻게 영향을 주는가를 비교하였다.

랫트를 4군으로 나누어 실험을 하였는데 제1군은 일생동안 포식하면서 보낸그룹, 제2군은 일생을 위의 8부 정도를 먹고 지낸그룹. 제3군은 어린시기를 (180일 까지)위의 8부 정도 먹은 후 중년기와 말년을 보낸 그룹, 제4군은 어린시기를 포식으로 보내고 중년 이후를 위의 8부 정도 먹는 식사를 한 군으로 나누었다.

그 결과 단명한 그룹은 중년 이후에 포식을 한 1군과 3군이었다.

한편 장수를 한 그룹은 2군과 4군인데 이 그룹의 공통점은 중년 이후에 위의 8부를 먹는 방식을 취하였다는것이다.

즉, 장수하려면 어린시기에는 포식을 하든 적게 먹던지 무관하나 중년 이후에는 위의 8부를 먹는 소식이 유리하다는 결론이다.

그 이유는 식품으로 인한 비만, 심장병, 동맥경화, 당뇨병, 암 등의 성인병발생이 진행되는 것을 억제하기 때문인 것 같다.

즉, 위의 8부를 먹는방법은 인간이 40세 이후 중년기가 되면 기초대사량이 저하하기 시작하여 지방분해를 중심으로 하는 에너지대사의 저하가 오는데 위의 8부를 먹는 방식은 이 변화에 따른 먹는 방식이 되기 때문에 장수할 수 있는 것 같다.

따라서 중년이 되면 지방이 적은 식사로 전환하는것이 장수에 좋다는 결론이다.

8. 오키나와의 장수와 식생활 특징

1) 많은 육류 섭취량

일본 국민영양조사에 따르면 오키나와의 육류섭취량이 전국수치보다 약 30% 많은 1일 1인당 90g정도이다.

돼지고기, 소고기, 닭고기 섭취량은 전국치의 1.4배 많았으며 가공고기의 섭취량이 소고기, 닭고기를 능가해서 전국수치의 약 2배 섭취량이 많다.

일본은 육식을 적게 섭취하는 경향이므로 미국인들처럼 괴잉 섭취하는 것이 아니라 대략 90g정도이므로 서구인 같은 성인병은 걱정하지 않아도 될 것으로 생각된다.

2) 매일 먹는 오키나와 두부

오키나와 두부는 수분이 적어 단단하기 때문에 기름에 볶는데 적당하다.

또,이 두부는 단백질이 일본본토보다 1.3배정도 많으며 인, 철, 나트륨, 칼륨 등 무기질이 많고 비타민 B_1, B_2도 기타 일본 두부보다 함유량이 많다.

오키나와현의 콩류섭취량은 육류섭취량과 같은 90g이고 동물성 단백질과 식물성 단백질이 균형있게 섭취되고 있다.

이것은 전국보다 약 30% 높은 수준으로 균형이 유지되고 있는 것이 특징이다.

3) 다량의 녹황색채소 섭취

녹황색채소섭취량이 일본전국평균보다(60~80g)보다 오키나와현은 약 80~110g으로 전국치보다 약 30% 더 많다.

오티나와현은 특히 들풀, 약초, 쑥 등을 평소에 많이 섭취하고 있는데 이들은 채소만 먹는 것이 아니라 고기와 두부 등과 함께 섞어서 만든 "짱뿌루"를 먹는다.

짱뿌루는 오키나와의 전통적인 조리법으로 채소와 고기, 두부 등을 균형있게 먹는 것이 특징이다.

4) 많은량의 해조류 섭취

미역의 일종인 "곤부"를 즐겨먹는다. 식품재료로 다시국물을 만드는데 쓰기보다는 주재료로 섭취한다.

그리고 이 곤부를 돼지고기에 넣어 만든 "로꾸"도 많이 먹으며 표고버섯도 일본전국의 2배 가까이 많이 소비하고 있다.

5) 적은 염분 섭취량

오키나와현의 식염섭취량은 약 10g으로 전국치 약 12g의 약 80% 수준이다.

소금에 절인 어패류, 젓갈 등의 소비가 적고 그대신 생선회나 생선을 삶거나 기름에 튀겨서 먹는 요리가 발달되어 있다.

특히, 채소와 돼지고기, 두부 등을 같이 섞어서 푹끓여 조리하는 "로꾸" 요리가 특징인데 이 로꾸요리를 하면 조미료로써 소금이 거의 필요없이 다시국이 만들어진다.

이런 이유로 소금섭취가 전국 평균보다 적다.

6) 차와 흑설탕의 활용

일본인들은 차를 많이 마시는데 오키나와 사람들은 이를 훨씬 능가한다.

특히 오키나와현 사람들은 남녀노소할 것 없이 큰 차주전자에 차를 넣어 끓여서 수시로 마신다.

차에는 비타민 C가 많고 글루타민산과 같은 아미노산이나 과당도 포함되어 있다.

또 녹차는 해독작용과 수축작용, 충치예방 작용 등이 있는 것으로 알려져 있다.

한편 오키나와 사람들이 즐겨 먹어왔던 것이 흑설탕인데 흑설탕은 백설탕

보다 체중 억제 효과와 혈중의 지질 농도가 낮았으며 흑설탕을 자주 먹는 노인들의 혈액중에 비타민 E의 수치가 비교적 높았다고 한다.

7) 오키나와의 자연풍토

오키나와현은 아열대성기후에 속하며 기온은 연평균 22.5도로 최저기온은 10도전후이고 최고기온은 32.5도로 기온연교차는 대충 22도이다.

그러나 여름에 바람이 강하여 비교적 여름을 나기가 쉽다.

사람들은 나이가 들면 환경변화에 적응하기 어렵고 특히 겨울에는 기관지염, 폐렴 등에 걸리기 쉽고 심장이 위축해서 심근경색과 뇌졸중을 일으키기 쉽다.

그런데 오키나와의 온난한기후는 이러한 질병예방에 도움이 될 것으로 생각되고 또한, 햇빛을 충분히 받을수 있는 온난한 기후로 일광의 지외선은 비타민 D를 만들 수 있고 이 비타민 D는 골연화증예방에 도움을 준다.

눈이 많이 내리거나 한냉한 지방의 사람들은 햇빛을 쪼일 기회가 적어 뼈가 약해지기 쉬운데 오키나와에서는 이런 이유로 등이 굽은 노인이 적다.

참고문헌

1. 김현오, 이영순, 황금희, 윤옥현, 박춘란, 이경희, 남혜영, 식생활관리, 광문각, 2003
2. 최혜미, 박영숙, 식생활관리, 교문사, 2001
3. 김미정, 김금란, 식생활관리, 광문각, 2002
4. 이미숙, 박영숙, 현화진, 김순경, 송은승, 이경애, 이선영, 현태선, 김희선, 윤은영, 영양과 식생활, 교문사, 2005
5. 한재숙, 김미향, 김정숙, 송주은, 손현숙, 이연정, 최영희, 허성미, 김명선, 식생활관리, 형설출판사, 1999
6. 현기순, 홍성야, 임양순, 이애랑, 식생활관리, 교문사, 2001
7. 성창근, 모은경, 현대인의 식생활과 비만, 도서출판 효일, 2001
8. 아다치미유키지음, 모수미, 권순자, 이경신옮김, 알고계십니까, 아이들의 식탁, 교문사, 2003
9. 전희정, 주나미, 정현아, 단체급식종사원의직업메뉴얼, 교문사, 2002
10. 이영은, 홍승헌, 한방식품재료학, 교문사, 2003
11. 박춘란, 급식관리실무, 도서출판 서도문화사, 2002
12. 곽성호, 김미정, 김금란, 실무식품구매론, 형설출판사, 2001
13. 김동승, 전영옥, 임양이, 강명수, 김용식, 류경, 식품구매론, 광문각, 2004
14. 김장익, 진양호, 홍기운, 최신식품구매론, 대왕사, 2002
15. 박운성, 현대구매관리, 박영사, 2003
16. 이진영, 김현오, 현여의, 이행숙, 식품구매론, 2002
17. 박정숙, 식품구매론, 효일, 2005
18. 김종성, 박상배, 조리실무관리, 형설출판사, 1994
19. 조리실무교재, 호텔롯데, 1995
20. 강성일, 주방실무론, 효일출판사, 2005

21. 김윤선, 약이되는 한국음식, 2002
22. 박춘란, 김윤선, 이상미, 이영옥, 실험조리, 2002
23. 표준조리지침서, 군 육군본부
24. 박춘란, 식생활문화, 도서출판 효일, 2002
25. 박춘란, 이선희, 김영희, 김애정, 백재은, 단체급식, 광문각, 2004
26. 양일선, 이보숙, 차진아, 채인숙, 이진미, 단체급식, 교문사, 2003
27. 조정순, 오성천, 이숙미, 현대인과 식생활.서도문화사, 2000
28. 변광의, 손천배, 김향숙, 구난숙, 송은승, 이선경, 이경애, 식품, 음식그리고 식생활, 교문사 2001
29. 강인희, 조후종, 신현희, 김진원, 윤숙자, 이말순, 이지호, 박혜원, 허채옥, 이춘자, 김귀영, 김명순, 한국의상차림, 효일출판사, 1999
30. 황지희, 윤택용, 나영아, 푸드코디네이터학, 도서출판 효일, 2002
31. 황재선, 푸드코디네이션, 교문사, 2003
32. 미국상원영양문제특별위원회, 원태진편역, 형성사, 1995
33. 보건신문사편저, 질병을이기자, 보건신문사, 1998
34. 손숙미, 이종호, 임경숙, 조윤옥, 다이어트와체형관리, 교문사, 2004
35. 정동효, 장형수, 정재현공역, 노화제어식품의개발, 도서출판, 광림, 2001
36. 홍진숙, 박혜원, 박란숙, 명춘옥, 신미혜, 최은정, 정혜정, 식품재료학, 교문사, 2005
37. 미야기시게지, 남은우역, 일본인의 장수비결.지구문화사, 1996
38. 최동성, 고가영역, 식품기능화학, 지구문화사, 1997
39. 정동효, 식품의 생리활성, 선진문화사, 1998
40. 細谷憲政외3인, 食生活論, 第一出版, 1989
41. 奧田和子, 現代食生活論, 講談社, 1989
42. 吉田靜代외3인, 弘學出版, 1996
43. 日本家政學會編, 食生活의 設計와 文化, 朝倉書店, 1992

44. 福井四郎, 조영수감수, 대웅출판사, 1999

45. Marian C.Spears, Purchasing for profit, Prentice-Holl, Inc.Simon & Schuster/A Viacom Company upper saddle River, New Jersey 07458, 1999

46. Lendol H.Kotschevaar & Margaret E.Terrel, Foodservice plannging:Layout and equiment, John Wiley & Sons, Inc .1983

47. Sarah R.Labebsky & Alan. M Hause, On cooking, Prentice-Hall , Inc.1999

48. National assessment institute, Handbook for safe foodservice management, 2nd edition, John Wiley & Sons, Inc.2000

찾아보기

저자소개

● 박춘란
- 현) 충청대학 식품영양학부 교수
- 중앙대학교 대학원 이학박사
- 저서) 조리원리, 식생활문화, 단체급식, 한국음식, 식공간연출
  실험조리, 조리기능사문제집 외 다수

● 김윤선
- 현) 서울요리학원부설/한방기능성식품연구소 소장
- 세종대학교 대학원 이학박사
- 경원대학교 대학원(한의학) 박사과정 수료
- 안산공과대학, 배화여자대학, 경원대학, 충청대학 겸임교수 역임
- 저서) 한국음식, 통합적유아요리활동의 이론과 실제, 실험조리

인

식생활 관리

초판인쇄 | 2006년 1월 25일
초판발행 | 2006년 1월 31일
저자 | 박춘란, 김윤선
발행인 | 김호석
발행처 | 도서출판 대가
등록 | 제 311-47호
주소 | 서울시 은평구 증산동 193-16
전화 | (02) 305-0210, (02) 306-0210
FAX | (02) 305-0224
이메일 | dga1023@hanmail.net
홈페이지 | www.bookdaega.com
정가 | 15,000원

ISBN 89-90999-32-4 93570